珠颜饰语

优雅女神成长手册

谢意红◎编著

化学工业出版社
·北京·

本书主要介绍了各种常见宝石的历史文化、象征意义和各宝石的品鉴知识、选购知识，以及保养知识。让读者因懂得鉴赏而购买收藏珠宝，因懂得珠宝的美和语言而佩戴珠宝首饰，从而在购买、鉴赏、佩戴、收藏过程中赋予珠宝首饰情感，让自己曾经拥有的每件首饰都有自己的故事，让人生因这些故事而丰富。

图书在版编目（CIP）数据

珠颜饰语/谢意红编著. —北京：化学工业出版社，2018.11
（优雅女神成长手册）
ISBN 978-7-122-33087-1

Ⅰ.①珠… Ⅱ.①谢… Ⅲ.①宝石—基本知识 Ⅳ.①P578

中国版本图书馆CIP数据核字（2018）第221202号

责任编辑：李彦玲　　文字编辑：姚　烨
责任校对：王素芹　　装帧设计：水长流文化

出版发行：化学工业出版社
（北京市东城区青年湖南街13号　邮政编码100011）
印　　装：北京瑞禾彩色印刷有限公司
880mm×1230mm　1/32　印张6½　字数130千字
2019年1月北京第1版第1次印刷

购书咨询：010-64518888
售后服务：010-64518899
网　　址：http://www.cip.com.cn
凡购买本书，如有缺损质量问题，本社销售中心负责调换。

定　　价：49.00元

版权所有　违者必究

PREFACE 前言

珠宝首饰无论在身体装饰上和身份象征上都扮演着重要角色，通过装饰身体，在万物象征性中找寻自己。珠宝首饰的装饰行为是一种语言，传递各种信息，观者能读出佩戴者装饰背后的审美情趣、情感、故事或财富。女人将珠宝首饰与服装、各种场合尽情配搭，展现不同年龄段的韵味和精彩。从皇室、名媛、女政治家、影星到普通女性，件件首饰都收录着女人的时光故事。美国前国务卿奥尔布赖特从政生涯中佩戴过200多枚胸针，每一枚胸针背后都有一段外交逸闻和她的微妙心境，由此她写了一本《Read My Pins》（《读我的胸针》）。这本关于珠宝、全球政治，以及美国外交家生活的书既是回忆录又是社会史。

一次在台湾101大厦里见一位老爷爷推着坐在轮椅上的老奶奶，老奶奶左手无名指上戴了一枚红宝石戒指，红宝石颜色浓厚纯正，黄色K金戒托或许由于年代久远表面磨损没有了耀眼的光芒，色泽温和。我从这枚戒指似乎读出了老奶奶和老爷爷曾经浪漫甜蜜的爱情和晚年的幸福。

珠宝首饰可佩戴、品赏、收藏，也可寓意纪念。只有了解珠宝的历史文化并懂得品鉴珠宝，才会沉醉于选购、收藏或佩戴珠宝首饰这一过程，在这过程中拥有者会与珠宝首饰产生美妙情感，其鉴赏水平在把玩和品鉴中也会进一步提升。懂得了珠宝的语言和象征意义，就知道怎样用珠宝首饰展现自己的独特品味和个人魅力，记录人生的每个重要时刻。

本书在编写过程中得到了人家的支持与帮助，深圳职业技术学院王健行提供了部分图片，曾凡智协助完成部分照片的拍摄，上海真品堂珠宝提供了部分图片。在此一并表示感谢！

2018年8月

谢意红

CONTENTS 目录

G18K

CHAPTER 1

钻石

永恒璀璨，坚贞爱情的象征

钻石以神奇的历史、高贵的品质、璀璨的光芒被称为“宝石之王”。英文“Diamond”来源古希腊语“Adamas”，意为“坚硬无比”“不可征服”。

钻石在珠宝习俗中是四月的生辰石。

戴比尔斯（DEBEERS）的钻石推广语“钻石恒久远，一颗永流传”已深入人心，钻戒已成了现代人结婚的必需品，爱迪尔珠宝推出的钻石红宝石戒指“真爱一触即发”更是撩人心弦（图1–1）。

图1-1 爱迪尔“真爱一触即发”

钻石真正成为首饰要追溯到15世纪，1477年奥地利王子麦斯米兰（Maximilian）为博取勃艮第公主玛丽亚（Maria）的芳心，为她精心打磨“M”形状钻戒（图1–2），这枚钻戒表达的真挚情感让玛丽亚（Maria）在面对法国路易十一（Louis XI）国王以战争逼婚时仍然坚定地选择自己的感情。这段伟大爱情成就了历史上的第一枚钻戒。自此，钻戒是男人的承诺女人的幸福。18世纪，拿破仑送给约瑟芬的名为“你和我”订婚戒指见证了浪漫爱情。这枚戒指设计简洁，金色的戒托上镶嵌着两颗泪滴状的宝石——一颗蓝宝石和一颗钻石（图1–3）。

历史上一些颗粒大品质高的钻石都有迷人的神奇故事。它们或与重大历史事件有关，或与皇室贵人相伴，或历经惊险曲折。著名的“库里南I号”（非洲之星）梨型钻石是世界上第一大钻石，重530.2克拉，1910年被镶嵌在英王的权杖上（图1-4），如同皇权一样至高无上，这是颗钻最初是镶在玛丽王后的皇冠上，乔治五世先妻子玛丽18年去世，乔治五世去世后，玛丽从皇冠上摘下这颗钻石，将它镶在国王权杖上，然后交给自己的儿子。“库里南Ⅱ号”是世界上第二大钻石，镶在英国皇冠上（图1-5），似在表达皇室光芒永耀之意，英国女王佩戴它出席每年的英国议会开幕式。

图1-4　镶有著名的“库里南I号”（非洲之星）的权杖

图1-5　镶有著名的“库里南Ⅱ号”的英国皇冠

4
5

图1-6是噩运之钻“霍普”又名“希望之星”，世界十大名钻之一，深蓝色，重45.52克拉，凡接触过该钻的帝王、贵族、珠宝商、盗贼都落得失败、破落、暴毙等悲惨下场，无一幸免，直到被捐献给美国史密森研究所。《泰坦克尼号》中的“海洋之心”源于此钻石，“海洋之心”是编剧为了剧情而起的。

图1-6 噩运之钻“希望之星”

钻石的前世今生

30多亿年前至10多亿年前，碳在漫长的地质作用中从炙热的岩浆中缓慢结晶成金刚石，金刚石最终被滚滚岩浆带到地壳表层或喷出地表（图1–7）。金刚石原石并不光彩夺目（如图1–8），优质的金刚石（约20%）经过切割（舍弃50%~60%的重量）、打磨后五光十色、晶莹闪烁，成为万众瞩目的钻石，由此可见钻石是何等的弥足珍贵。

金刚石最早产于印度，1604~1689年是钻石的繁荣时期，当时一位名为塔沃尼（Tavernier）的法国人（后被称为钻石之父）多次往返印度与欧洲的各王室之间，从事钻石生意，对钻石的推广起了巨大作用。18世纪初，随着印度钻石供应的下降，巴西取代印度成为世界金刚石主要来源国。19世纪，俄罗斯、澳大利亚、南非相继

7

发现金刚石矿，1869年南非发现规模大品位高的金刚石矿床，一举取代巴西，成为世界金刚石主要来源国，著名的库里南Ⅰ号和库里南Ⅱ号就产于南非。20世纪90年代中开始，澳大利亚金刚石产量居世界之首，但达宝石级的仅占5%。后来在非洲的扎伊尔、博茨瓦拉、纳米比亚和加拿大发现金刚石矿，纳米比亚产出的钻石95%达宝石级。

我国钻石资源比较少，仅在湖南沅江流域、山东、贵州和辽宁瓦房店有产出。

每个钻石产出地产出的钻石有宝石级的，也有工业级的，有品质高的，也有品质差的，因此钻石的品质与产地无关。一些钻石首饰零售商喜欢强调自己卖的钻石是“南非钻”，这是没有依据的，也是没有必要的。因为钻石经切磨公司到批发商再到零售商最后到消费者，整个过程都不问钻石产地。

图1-7 产出钻石的火山口
图1-8 钻石原始晶体

钻石的颜色与琢型

很多人以为钻石都是无色的，其实不然。多数钻石的颜色范围是从近无色到淡黄或淡褐色，除此之外还有彩色钻石，黄色钻（图1–9）在市场中较其他颜色钻石更为常见，由于供应相对较多，价格相对同级蓝色钻石、绿色钻石和粉红钻石更低。大颗的粉色、黄蓝色、绿色钻石（图1–10，图1–11）十分稀少，仅见于拍卖市场。如果市场上见到大颗的绿色和蓝绿色钻石，要小心是不是人工辐照。图1–10分别为14.54克拉的黄蓝色钻石和16.00克拉的粉色钻石，拍卖价分别是3亿多和1亿多港币。黑色钻石多用来作配石或群镶。

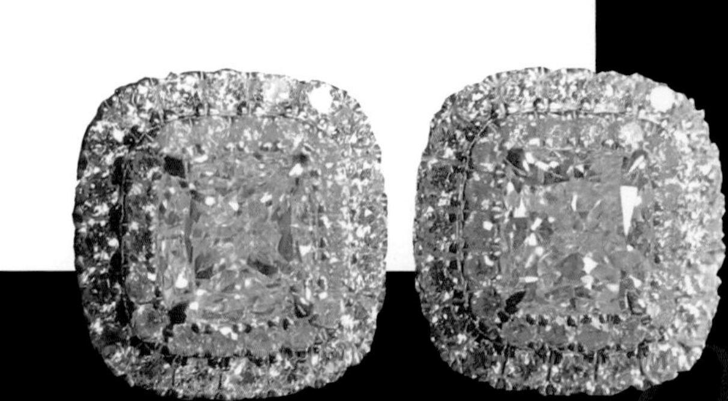

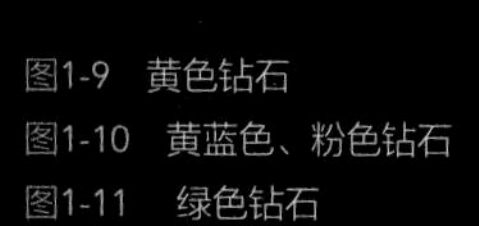

图1-9　黄色钻石
图1-10　黄蓝色、粉色钻石
图1-11　绿色钻石

在珠宝首饰市场常见的钻石琢型是标准圆钻型（图1–12），圆钻型是传统钻石琢型，它兼顾了钻石的亮度与火彩，是多数女人的选择。除此之外，钻石还可打磨成其他形状，如梨型、公主方型、心型、橄榄型等，公主方型钻石的特点是使钻石看起来比实际

要大，造型现代简约，在欧美比较流行，适合干练、现代时尚的职业女性（图1–13）。梨型钻石似圆润的水滴，钻石的尖端应朝向佩戴者的手，梨型使手指看起来更修长，造型新颖独特，是年轻、个性女人的选择（图1–14）。心型是最适合表达爱的形状，具有迷人的火彩效果，佩戴心型钻石有浪漫、亲和感（图1–15）。

图1-12　蒂芙尼经典六爪镶圆钻
图1-13　公主方型钻石
图1-14　梨型钻石
图1-15　粉色心型钻石

钻石的品鉴

每颗钻石都流光溢彩，但每颗又都不同。每颗钻石的颜色、大小、内外瑕疵及切磨工艺是不同的。同是一克拉钻石，因品质不同他们的价格相差很大。钻石的品质由它的颜色（color）、净度（clarity）、切工（cut）、质量（carat weight）决定的，被称作“4C”标准，其品质与产地无关。

颜色

图1–16是无色至浅黄色系列钻石，该颜色范围内，无色钻石是罕见的，钻石越接近无色越稀有，价格越高。

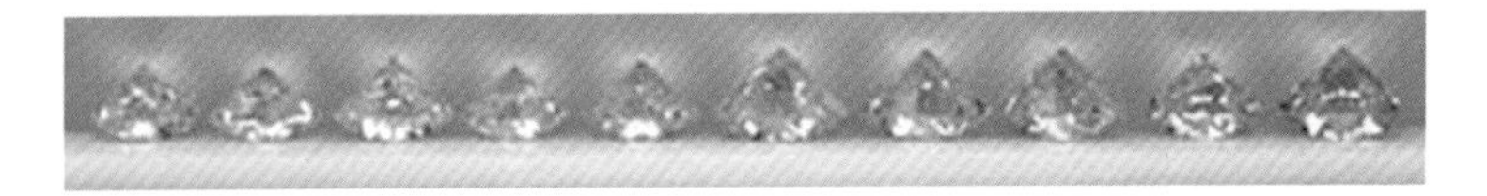

图1-16 无色至浅黄色系列钻石

净度

钻石在熔浆里结晶生长的过程中会捕获一些外来物或产生小裂纹，故钻石内部会有瑕疵。钻石在切磨抛光和镶嵌过程中表面有可能会产生纹理、破损等，这些都会影响钻石的美观。瑕疵越大越多越明显，钻石的价格越低。每颗钻石瑕疵特征都不相同，这让每颗钻石都独一无二。另外钻石的晶体包体、生长纹等特征也是鉴定钻石的依据。如果某颗钻石的瑕疵轮廓似一“心”形或似两人影，或许这颗钻石会有其独特价值。

切工

切工精良的钻石才能充分展现钻石的亮度、火彩和闪烁，切工越好钻石越亮，闪烁越好，它的每一个刻面都显示了匠人的技巧与细心（图1–17）。国家标准将钻石的切工分为很好、好、一般三个等级。

图1-17 钻石切工等级

质量

钻石是用“克拉（carat，ct）”计重的，一克拉等于0.2克。钻石的质量越大其克拉单价越高。一颗2克拉的钻石的价格比一颗同品质1克拉钻石价格的2倍还多很多，有可能是三倍或四倍。因为钻石越大越稀有。0.5克拉以下的钻石没有保值意义；0.5～1克拉的品质高的才有保值意义。不满1克拉的小钻石通常就用“分”来计，1克拉等于100分，0.5克拉就是50分。因此我们常说“20分”、“30分”。

另外，某些钻石在紫外光照射下会发出蓝色或黄色荧光，蓝白色荧光会提高钻石的色级。荧光过强，钻石会有一种雾蒙蒙的感觉，影响钻石的透明度，对钻石的价格略有影响。

钻石的品质分级只有专业的珠宝鉴定师才能胜任。一般的消费者只能从钻石分级证书上知道钻石的品质。

国际上钻石的分级标准很多，如，美国宝石学院的GIA、国际钻石委员会的IDC，我国的钻石分级标准只有一个，是由国家珠宝玉石质量监督检验中心（简称NGTC）起草，国家技术监督检验检疫局发布的。但钻石鉴定分级机构很多，如国家技术监督局宝玉石质量检测中心，各省、地区（市）属珠宝检测站、商业性检测机构等。各机构证书内容大同小异。

钻石分级鉴定证书内容主要包括：证书编号（网上可查真伪）；检验结论（天然钻石，标明“钻石”，合成或处理的钻石，标明“合成”或“处理”）；琢型；颜色等级；净度等级；切工等级等。

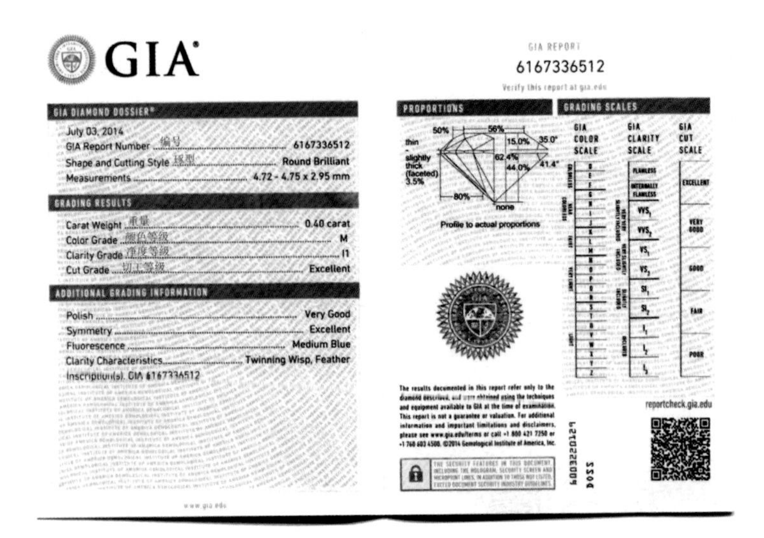
GIA

GIA DIAMOND DOSSIER®

July 03, 2014
GIA Report Number 编号 6167336512
Shape and Cutting Style 琢型 .... Round Brilliant
Measurements .... 4.72 - 4.75 x 2.95 mm

GRADING RESULTS

Carat Weight 重量 .... 0.40 carat
Color Grade 颜色等级 .... M
Clarity Grade 净度等级 I1
Cut Grade 切工等级 .... Excellent

ADDITIONAL GRADING INFORMATION

Polish .... Very Good
Symmetry .... Excellent
Fluorescence .... Medium Blue
Clarity Characteristics .... Twinning Wisp, Feather
Inscription(s): GIA 6167336512

www.gia.edu

GIA REPORT
6167336512
Verify this report at gia.edu

PROPORTIONS
Profile to actual proportions

GRADING SCALES
GIA COLOR SCALE
GIA CLARITY SCALE
GIA CUT SCALE

reportcheck.gia.edu

图1-18 GIA钻石分级证书

每个钻石分级证书上都会有检测机构的公章及检测者的签名，若没有就不是合格的证书。

目前在我国珠宝首饰市场上用得最多的是美国宝石学院钻石分级证书，简称GIA钻石分级证书（图1-18）。GIA钻石分级证书是英文的，最重要的几项是钻石的重量、琢型、颜色等级、净度等级、切工等级。

钻石保养小贴士

钻石具有亲油性，容易将油渍吸附到表面，从而让钻石的光泽与火彩受蒙，因此应定期用酒精擦拭清洗钻石表面。另外钻石虽是宝石中最硬的，但钻石的脆性不好，遇到撞击后容易碎裂，因此佩戴钻石时应避免磕碰。由于钻石各方向的硬度有小的差异，多颗钻石一起收藏时，互相会擦伤，图1-19这颗钻石的棱线已磨损。

图1-19 钻石的棱线被磨损

CHAPTER 2

红宝石

温暖高贵，爱情的绚丽色彩

红宝石晶莹剔透，娇艳欲滴，是珍贵宝石之一。一袭质地精良做工考究的晚礼服，搭配红宝石项链、耳坠或小颗红宝石星罗排列的手链，举手投足间或凝眉注目时，尽显高贵典雅，又不失温暖亲和。图2-1是

“Jacques Timey”为海瑞·温斯顿设计的红宝石项链，缅甸红宝石总重约30.05克拉，保利拍卖估价1080万～1200万。图2–2是梵克雅1959年制作的红宝石手链。

图2-1 海瑞·温斯顿红宝石项链（图片自保利拍卖行）
图2-2 梵克雅红宝石手链

红宝石自辉煌的古印度、古希腊时代直到第一次世界大战结束，一直享有“最珍贵宝石”的盛誉。除稀有性外，其无与伦比的美丽和仅次于钻石的硬度，也是深受人们喜爱的重要因素，顶级红宝石比钻石更珍稀。

自古以来红宝石出现在各种传说中，人们赋予了它神奇的力量和美好的象征。图2-3是英国女王伊丽莎白二世与菲利普亲王大婚时，其母亲伊丽莎白王后赠送的一套红宝石王冠和项链。图2-4是拿破仑送给玛丽·路易斯王后的王冠。红宝石熠熠发光的红色也被看作爱情的象征，代表浪漫和激情。自从诗人把女人的红唇比作红宝石后，它便成了表达爱情的语言。如果钻石是爱情的承诺，红宝石就是爱情的绚丽色彩。1936年爱德华八世送给沃利斯夫人一条红宝石项链作为40岁的生日礼物（图2-5），两人历经风雨和指责的爱情如同红宝石的色泽，耀眼瞩目惊世骇俗。同时也留下了“不爱江山爱美人”的动人传奇。

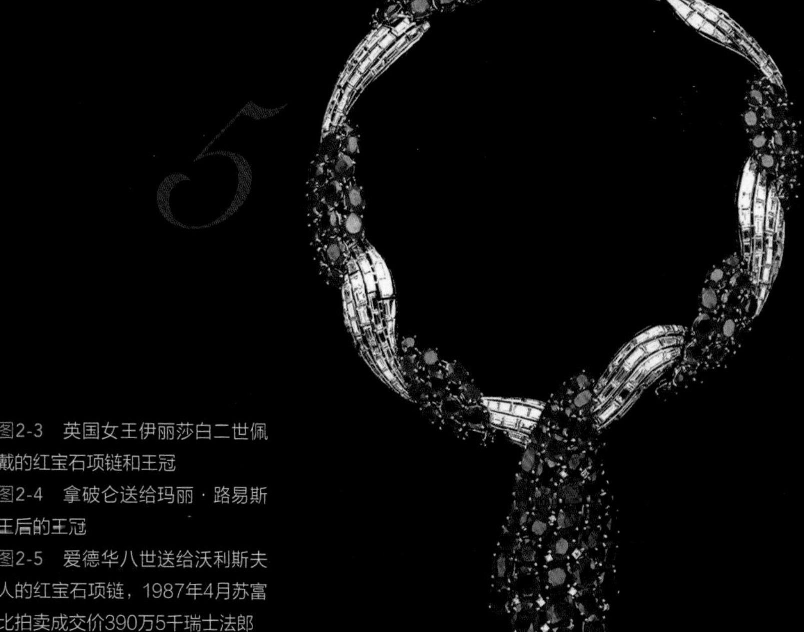

图2-3　英国女王伊丽莎白二世佩戴的红宝石项链和王冠
图2-4　拿破仑送给玛丽·路易斯王后的王冠
图2-5　爱德华八世送给沃利斯夫人的红宝石项链，1987年4月苏富比拍卖成交价390万5千瑞士法郎

西班牙天才艺术家达利在珠宝首饰设计领域奇思异想用红宝石设计“高贵的心”（图2-6）和“红宝石嘴唇”（图2-7）等作品。

红宝石流行千年，依旧散发着迷人的魅力。今天，人们仍然视红宝石是宝石中的珍品，把它作为7月生辰石和结婚40周年纪念石。红宝石是资深成熟女性的最好选择，高贵而不冷傲，华丽而不艳俗。

图2-6 高贵的心
图2-7 红宝石嘴唇

红宝石的前世今生

红宝石可在不同的地质条件下形成，可以是与火山活动有关的岩浆岩，也可以是与热液有关的变质岩。宝石级红宝石主要产在冲积砂矿中，其形成条件苛刻，开采条件也艰苦困难，图2-8为红宝石开采现场。在缅甸，平均每400吨的红宝石原矿只能筛选出一克拉左右的红宝石晶体（图2-9），一千克拉这样的优质晶体才能筛选到一克拉颜色、净度、重量均达宝石级的精品。

全球最著名的红宝石产地是缅甸抹谷，以产“鸽血红”红宝石闻名于世，“鸽血红”红宝石颜色接近鸽血，其色鲜艳纯正，饱和度高，日光下有红色荧

光，似“燃烧的火”、“流动的血”（图2-10）。约在石器和青铜器时代，缅甸红宝石被人发现。关于红宝石的记载最早在1597年。缅甸历届王朝一直将宝石视为国王的私有财产，如果发现宝石的消息传到王室，便由一位王族代表国王，带领卫兵，直往宝石发现地取回宝石。如果谁不献出发现的宝石，将会受到酷刑或终身监禁。1886年英国人占领缅甸，允许缅甸人土法开采宝石并上交重税给英国，同时英国占领者采用先进技术大力开采，尽全力把所有宝石运到英国。现在缅甸政府将全国所有宝石矿收归国有，并明文禁止私人交易。

9

10

图2-8　红宝石开采现场
图2-9　红宝石晶体
图2-10　缅甸顶级鸽血红红宝石

相对缅甸抹谷，非洲莫桑比克是高品质红宝石的新兴产地，所产出的高品质红宝石近年逐渐引起世界各国收藏家的关注。莫桑比克红宝石在颜色和品质上非常接近缅甸优质产区所出产的红宝石（图2-11）。

泰国也是红宝石的重要产出国和交易中心。其产出红宝石多数透明度低、颜色较深，多呈暗红色和棕红色（图2-12）。但并非所有的泰国红宝石都是颜色比较暗的，其中也不乏颜色鲜艳且质量也不错的。

斯里兰卡红宝石以透明度高、颜色柔和闻名于世。低档品质的多为粉红色、浅棕红色，高档品为“樱桃红”（图2–13），略带一点粉色、黄色色调。

越南红宝石于1983年后发现，其特点与缅甸的红宝石相近。总体颜色比缅甸红宝石深比泰国红宝石浅，表现为紫红色或红紫色（图2–14）。

我国云南、安徽、青海等地也有红宝石产出，云南产的品质略好，但裂纹、杂质多见，透明度不好，多呈玫瑰红色。

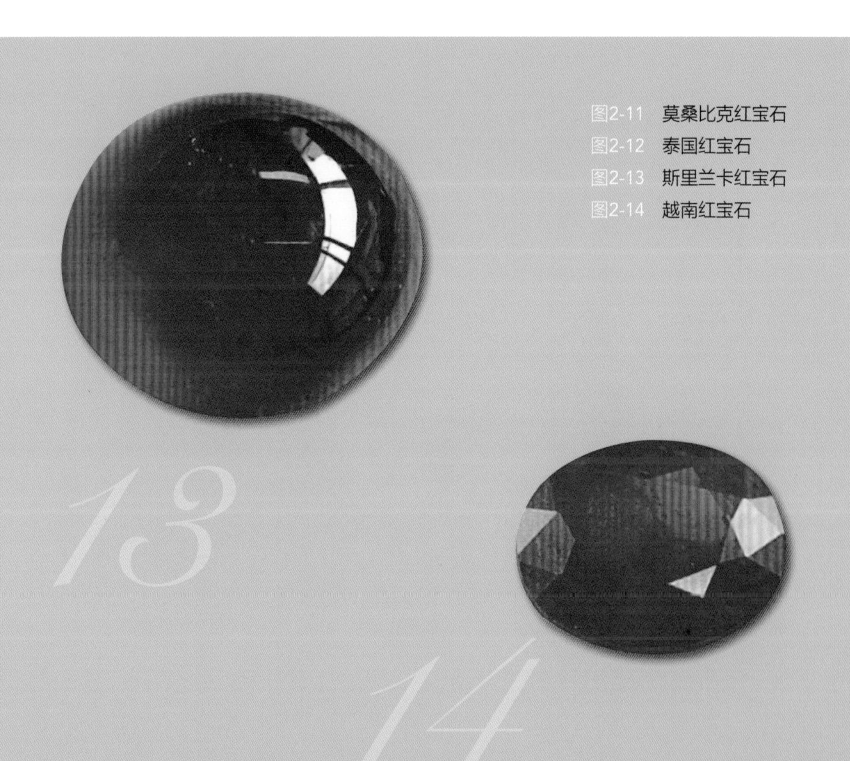

图2-11 莫桑比克红宝石
图2-12 泰国红宝石
图2-13 斯里兰卡红宝石
图2-14 越南红宝石

红宝石的品鉴

红宝石产地很多，不同产地的红宝石或同一产地的红宝石颜色各异，品质多样，市场价格差别也很大。品质上佳的红宝石，颜色只要略有差异，就会引起价格的巨大变动；顶级颜色的红宝石，内含杂质不一，价格差别也很大；优质红宝石的克拉价格也会随红宝石的体量增加而显著提升。红宝石的品质分级不像钻石一样有严格的分级标准，在贸易中主要根据颜色、透明度、净度、切工、克拉重量来评价。

红宝石的颜色有多种，红色、橙红色、粉红色、紫红色、暗红色等。以红色纯正鲜艳、均匀无色带的为上品。鸽血红是红宝石颜色的一种描述，将红宝石的颜色比作鸽子血的颜色，就是一种纯正的红色，不含有任何的杂色。红宝石颜色中的橙色调或者紫色调过多，红宝石的价值会下降。图2–15分别为3.02克拉和3.03克拉鸽血红红宝石，市场单价约5万/克拉，总价

图2-15　鸽血红红宝石　图2-16　多刻型　图2-17　圆珠型

15万多。

红宝石的透明程度不一，有的全透明，有的半透明，有的不透明。透明度越高价格也越高。透明度好的红宝石琢磨成多刻型，如图2-16。透明度不好的、杂质和裂纹多的一般琢磨成弧面型或圆珠型，如图2-17。

“十宝九裂”，红宝石也不例外。红宝石晶体在生长过程中，由于生长环境的复杂，会包裹一些外来物质或有些小裂纹（图2-18）。外来物质可以是矿物包体也可以是气液包体。包体会影响红宝石的透明度和亮度，裂纹会影响红宝石的耐久性。因此红宝石的包体和裂纹越少越好。但是并不是所有的包体都会降低红宝石的价值，某些红宝石晶体中包含针状金红石包体，如果这种包体定向排列，将宝石磨成弧面型，红宝石就会产生星光效应（图2-19），反而会大大提升红宝石的价值。

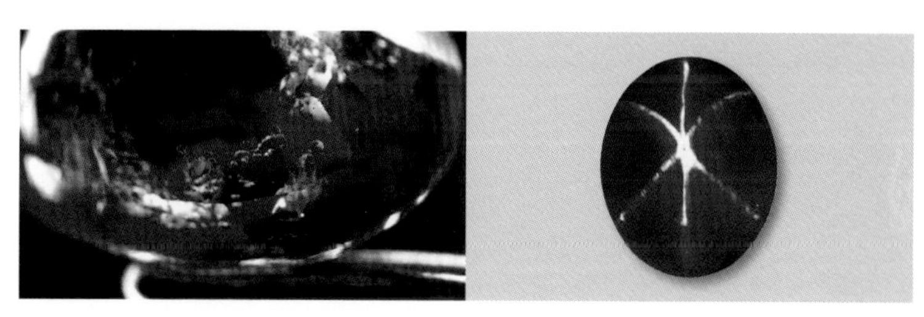

图2-18 红宝石中的深色包体和微裂隙　　图2-19 红宝石星光

绝大多数红宝石都含有杂质，因此纯净度高的红宝石稀有珍贵。

红宝石的切工也很重要，切工主要从琢型、比例、对称性和修饰度等方面去考虑。琢型是指宝石切磨的形状，常见有椭圆刻面型、圆多面型、祖母绿型等；比例是指琢型长、宽、高的比率；对称性是宝石形状不歪斜；修饰度是指刻面排列的整齐度及抛光质量等。

精良的切工可使红宝石表面产生闪烁感，还可增加宝石的亮度和颜色的鲜艳度，光芒从宝石的各个刻面反射出来，相互交错、熠熠生光。

与钻石一样，红宝石的克拉重量也是一个重要的评估因素，重量越大，克拉单价越高。3克拉以上就很稀有了，5克拉以上市场少见。

需强调的是市场上多数红宝石经过了热处理，热处理是通过加热红宝石以改变红宝石的透明度和色调的一种方法，这种方法很科学，对宝石的内部结构和宝石的稳定性没影响，是被市场接受的一种优化处理方法。市场上把未经热处理的红宝石称作“无烧红宝石”，经热处理的称作“有烧红宝石”。同品质的“无烧”与“有烧”红宝石价格之差较大。图2-20为两颗经热处理的红宝石，市场单价为1万多。评估红宝石品质的前提是要确定红宝石是否经热处理和其他优化处理。如果用来收藏投资，最好购买未经任何处理的天然红宝石。如果仅用来佩戴，不考虑投资收藏，可以购买经热处理的红宝石。

与红宝石相似的宝石有很多，如：尖晶石、石榴石、碧玺、红色玻璃等。红色尖晶石与红宝石外观非常相似，常被混淆。世界上最具传奇色彩、最迷人的重361克拉的“铁木尔红宝石”和1660年被镶在英国国王王冠上重约170克拉的“黑色王子红宝石”，直到近代才鉴定出它们是红色尖晶石。我国清代皇族封爵和一品大官帽子上用的红宝石顶子，其实都是红色尖晶石。明代杨慎撰、焦竑辑《升庵外集》在第50卷中，将红宝石称作“硬红”，将尖晶石称作“软红”，因红宝石的硬度比尖晶石高。红色石榴石的颜色没有红宝石的鲜艳；红色碧玺的光泽没有红宝石强；红色玻璃透明度很好且内部干净，有时含有气泡。

1.18ct　　1.22ct

图2-20　热处理红宝石

收藏或购买红宝石一定要查看鉴定证书。目前国际市场上鉴定彩色宝石最被认可的是GRS（瑞士宝石研究鉴定所）颁发的证书，其所出证书可指出宝石的产地及优化处理情况，图2-21是热处理红宝石证书，在证书的注释项已标明，图2-22是未经热处理的红宝

GRS GEMRESEARCH SWISSLAB®

GEMSTONE REPORT

EDELSTEINBERICHT
RAPPORT DE PIERRE PRÉCIEUSE

No.	GRS2015-012410	证书编号
Date	16th February 2015	鉴定日期
Object	One faceted gemstone	
Identification 鉴定结果	Natural Ruby	天然红宝石
Weight	1.03 ct	克拉重量
Dimensions	6.54 x 4.65 x 3.89 (mm)	大小
Cut	brilliant/step (4)	
Shape	oval	
Color	vivid red *	
Comment 注释	H 热处理 * Special comment see appendix	

Origin 产地

Gemmological testing revealed characteristics corresponding to those of a natural ruby from:

Mozambique
莫桑比克

Dr. A. Peretti FGG FGA
GRS GEMRESEARCH SWISSLAB® European Geologist
© GRS Gemresearch Swisslab AG, P.O. Box 3628, 6002 Lucerne, SWITZERLAND
Translation
Verification
Code Use
See Help
INTERNET
2015-012410

图2-21 热处理红宝石GRS证书

GRS GEMRESEARCH SWISSLAB®

GEMSTONE REPORT

EDELSTEINBERICHT
RAPPORT DE PIERRE PRÉCIEUSE

No.	GRS2013-051341T	
Date	23rd May 2013	
Object	One faceted gemstone	
Identification	Natural Ruby	
Weight	2.01 ct	
Dimensions	8.65 x 5.74 x 4.04 (mm)	
Cut	brilliant/step (4)	
Shape	oval	
Color	vivid red	
Comment 注释	No indication of thermal treatment FTIR-tested	无热处理迹象

Origin

Gemmological testing revealed characteristics corresponding to those of a natural ruby from:

Mozambique

Dr. A. Peretti FGG FGA
GRS GEMRESEARCH SWISSLAB® European Geologist
© GRS Gemresearch Swisslab AG, P.O. Box 3628, 6002 Lucerne, SWITZERLAND
Translation
Verification
Code Use
See Help
INTERNET
2013-051341T

图2-22 未经热处理红宝石GRS证书

石证书，两证书的鉴定结果项都是天然红宝石，且产地都是莫桑比克，但两颗红宝石的品质差别很大，因此消费者购买红宝石时一定要仔细阅读证书内容，不能只关注鉴定结果。

另外GIA（美国宝石学院Gemological Institute of America）出具的证书、我国国家质量监督检验检疫局授权的国家珠宝玉石检验中心NGTC出具的证书也很权威。但一些机构对红宝石的产地及是否经热处理不作鉴定。

红宝石保养小贴士

红宝石硬度较大，仅次于钻石，相对于其他宝石来说比较好保养。红宝石光泽和透明度好，若佩戴时间久了，不可避免地会沾上油脂、灰尘等，这样会影响红宝石的色泽，所以，佩戴一定时间后应清洗。清洗时不要用漂白水、洗衣粉和清洁剂等，更不能放在强酸强碱清洁剂中清洗，可用性质温和的肥皂及软毛刷。清洗后可放在眼镜布或不掉毛的软布上晾干。无边镶或微镶的红宝石首饰，在日常佩戴时尽量避免大的碰撞以免镶嵌的红宝石掉落。红宝石首饰收藏时应单独存放，不要与其他首饰堆放在一起，因为各种首饰因硬度不同会相互摩擦而产生划痕。

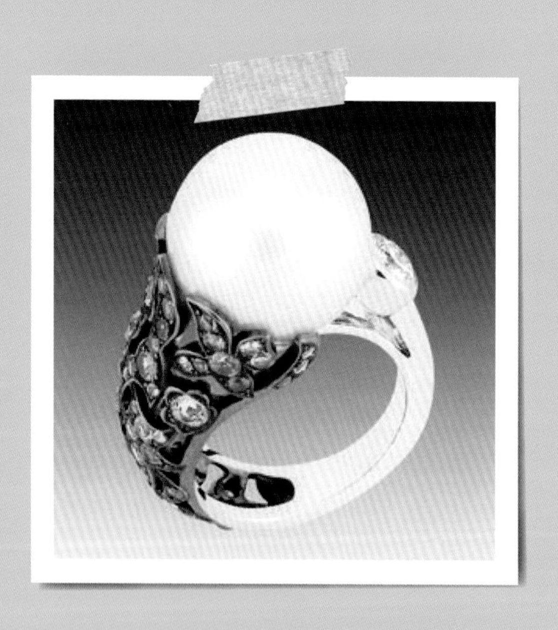

CHAPTER 3

珍珠

温婉典雅，值得每个女人拥有

母贝竭自身精华孕育美丽珍珠，因此珍珠寓意生命、母性。珍珠柔美、圆润的特质与女人的温婉、典雅相融。从古至今，珍珠独有的光泽，润泽莹洁、瑰丽明净、无与伦比，引无数帝王、王妃、公主、女政治家、贵妇和名媛追捧。

自古以来欧洲皇室对珍珠青睐有加。伊丽莎白一世将珍珠镶满华服（图3–1），伊丽莎白二世一生珍珠相伴，并在多数重要场合佩戴珍珠项链、珍珠胸针、珍珠帽饰等（图3–2），戴安娜王妃曾说："女人的一生如果只有一件珠宝，那必定是珍珠"，可见皇室对珍珠的情有独钟。图图3–3是著名英国皇室珍珠泪王冠，由玛丽女王于1914年定做，1981年传给戴安娜王妃，王冠上镶嵌的珍珠是泪滴型，传说泪滴珍珠似女人的眼泪，象征不幸的婚姻，这与戴安娜王妃不幸的遭遇契合。

从撒切尔夫人到希拉里再到英国首相特蕾莎·梅，珍珠一直是女政治家的偏爱，她们常佩戴珍珠首饰出席各种政治活动，优雅端庄、智慧淡泊，彰显母性、仁爱，以区别于男性的强权政治（图3–4）。撒切尔夫人曾说过"当你穿上一件平淡无奇的女装或外套时，若能配上珍珠首饰，就显得气度不凡。"

图3-1 伊丽莎白一世珍珠华服

图3-2 佩戴珍珠首饰的伊丽莎白二世

图3-3 戴安娜王妃佩戴的珍珠王冠和耳坠

图3-4 撒切尔夫人，希拉里，特蕾莎 · 梅

图3–5是北周皇太后赏赐给其外孙女李静训的项链，项链由28枚金丝球串联而成，每枚金丝球上镶嵌着10粒珍珠。上端装有金扣环，环钩中间嵌有深蓝色宝石，上刻驯鹿，两侧各有一嵌青金石的方形金饰。下端圆形金饰内镶嵌红玛瑙等珠宝，两旁各有一菱形和环形金饰，内嵌青金石珠，颇具波斯艺术风格，非常精美奢华。明清两代皇室贵族对珍珠的拥有和使用到了无以复加的地步。图3–6是明代孝靖皇后画像，孝靖皇后头戴金凤冠，满饰珍珠宝石。图3–7是“吹箫图”的局部（明代），图中仕女戴珍珠连缀的珠翠，耳饰珍珠耳坠。图3–8是清代珍珠发簪，图3–9清代珍珠朝珠，朝珠由108颗珠子串成，由颈项垂挂于胸前，按材质的不同区分佩戴者的等级，这条朝珠是皇帝佩戴的，串有108颗珍珠。

从史料记载中可知慈禧的吃、穿、戴、盖、葬都离不开珍珠。慈禧深信珍珠能养颜润肤、使人延年益寿，常将珍珠粉与豆腐煮水喝。慈禧的珍珠首饰更是不计其数，她还喜欢用珍珠装饰各种生活用品和器物。慈禧死后，遗体上穿的金丝礼服、棺里垫的锦褥、身上盖的丝褥等镶的珍珠有几万颗。

在国外，珍珠同样体现古代权贵的权利与财富，古罗马、古埃及等历代帝王的王冠上都镶有数颗珍珠。上层统治者相互争夺对珍珠的拥有和使用，1530年后，欧洲许多国家立法限制老百姓使用珍珠，规定人们必须按社会地位和身份登记佩戴珍珠。法国国王查理一世都用珍珠镶嵌《圣经》。

西方人认为钻石是太阳和君王的象征，珍珠是月亮与皇后的象征，因此珍珠又称为“宝石皇后”，也是六月的生辰石和结婚三十周年的纪念宝石。

图3-5　北周皇太后赏赐给其外孙女李静训的项链
图3-6　孝靖皇后头戴金凤冠，满饰珍珠宝石
图3-7　明代仕女头戴珍珠头饰、耳饰珍珠耳坠
图3-8　清代珍珠发簪
图3-9　清代珍珠朝珠

珍珠的前世今生

早在人类的初期，当原始人沿着海岸和河流去寻找食物时，便发现了珍珠，并把它当作饰品，作为消灾驱邪的神物和一切美好的象征。

据考证，珍珠文化起源于印度的恒河流域，在大约5000年前，古印度人开始把珍珠作为宝物，珍珠与砗磲、玛瑙、水晶、珊瑚、琥珀、麝香一起并称佛教七宝，享誉恒河文化。

中国是历史上最早发现、采捕和使用珍珠的国家之一。有珍珠记载的历史达4000多年。秦朝时，珍珠已成为朝廷达官贵人的奢侈品，竞相将珍珠装饰在发髻和颈项间，以示尊贵。东汉桂阳太守文砻向汉顺帝“献珠求媚”，西汉的皇族诸侯也广泛使用珍珠。唐代皇室后妃们普遍将珍珠、玉和金一起制作各种首饰。明清两代帝后和官宦对珍珠的追逐与使用达到顶峰。

自古至今，珍珠的设计风格不断演绎，珍珠镶嵌技术也有了很好地发展。图3–10是古罗马时代的珍珠祖母绿耳坠。图3–11是维多利亚女王时期的珍珠胸针，珍珠围镶编织的头发，这种首饰又称情感首饰，常用逝去亲人的照片、头发等做成首饰佩戴。爱德华时期，华丽的裙装风靡于巴黎上流社会，象征地位、品味的珠宝也在设计中加入了蕾丝、花环等元素，一种“滚珠边”的珍珠镶嵌技术出现，一些珠宝的边缘用小的珍珠围绕，使首饰看上去轻盈（图3–12）。

图3-10　古罗马时代的珍珠祖母绿耳坠
图3-11　维多利亚女王时期珍珠胸针
图3-12　爱德华时期珍珠首饰

由于天然珍珠采捕艰难，我国在1500年前就有了淡水人工养殖珍珠的方法，遗憾的是一直没有形成系统的理论和方法，珍珠养殖业没有得到很好地发展。直到1966年我国才获得了海水养殖珍珠的成功。随着珍珠养殖业的发展，珍珠不再是富人的专属，普通百姓也可拥有珍珠首饰，享受曾经皇家贵族才有的殊荣。

现今，不论在西方国家还是东方国家，珍珠都备受喜爱。随着首饰加工技术的不断提高，珍珠不仅可串成珠链还可与其他珠宝玉石、贵金属一起设计加工成各种造型、风格的首饰。珠宝首饰市场上珍珠首饰琳琅满目，有的端庄大气、典雅奢华（图3–13、图3–14），有的简约时尚、轻盈灵动（图3–15、图3–16）。不同年龄段、不同气质的女孩都可以找到适合自己的那一款。

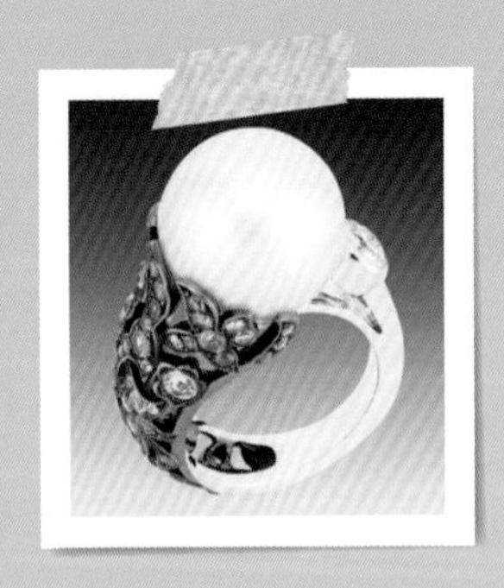

图3-13　香奈儿珍珠戒指
图3-14　金色珍珠戒指

图3-15　珍珠吊坠
图3-16　珍珠耳钉

珍珠的品鉴

根据生长方式的不同，珍珠分为天然珍珠和养殖珍珠。国家标准规定，自然状态下生成的珍珠称作天然珍珠，养殖珍珠简称珍珠。由于天然珍珠珍稀且采捕艰难，市场上90%以上的都是养殖珍珠，天然珍珠难觅踪影。根据生长水域不同，珍珠又分为海水珍珠和淡水珍珠。海水珍珠根据生长地域，一般分为南洋珍珠、大溪地珍珠、中国海水珍珠和日本海水珍珠。世界上95%的淡水珍珠产自中国，淡水珍珠形态各异，正圆、近圆、椭圆、扁圆、异型等（图3-17），正圆相对少一些，颜色主要有白色、粉色和紫色三种。海水珍珠正圆形的多，中国和日本海水珍珠以白色为主，南洋珍珠有白色（图3-18）、金色，大溪地珍珠一般为银灰、绿黑、蓝黑色。由于淡水珍珠的产量比海水珍珠多很多，淡水珍珠的价格相对海水珍珠低，但高品质的大颗的淡水珍珠仍然价格昂贵。海水珍珠和淡水珍珠各有品质高低，不能以偏概全说海水珍珠的品质比淡水珍珠的好。珍珠的质量因素包括颜色、大小、形状、光泽、表面光洁度、珠层厚度六个方面。

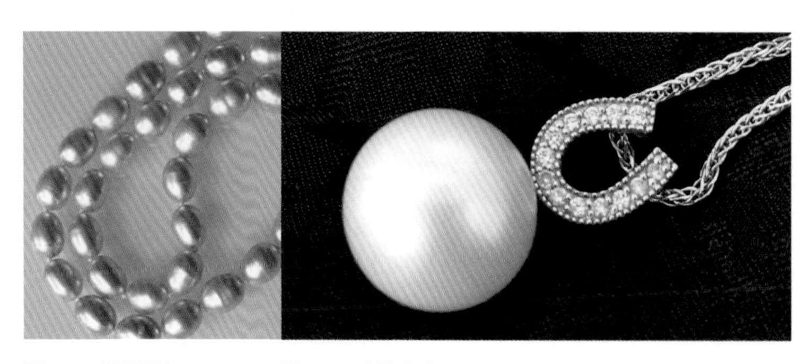

图3-17　椭圆型珠　　图3-18　南洋珍珠

珍珠的颜色包括体色、伴色和晕彩。我国国家标准将珍珠划分为五个系列：白色系列（纯白色、奶白色、银白色等）、红色系列（粉红色、浅玫瑰、浅紫红等）、黄色系列（金黄色、米黄色等）、黑色系列（黑色、绿黑色、蓝黑色、灰黑色、紫黑色等）和其他颜色系列（紫色、绿色、古铜色等）。伴色是漂浮在珍珠表面的一种或几种颜色，叠加在珍珠的体色上，使珍珠更具魅力。黑色珍珠的伴色多为绿色和紫色（图3-19），白色珍珠的伴色多为玫瑰色、粉红色等（图3-20）。伴色仅出现在局部，并不是所有的珍珠都有伴色。晕彩是指珍珠表面或表层形成的随光照方向而漂移的彩虹色。晕彩是红、绿、蓝、紫等多种色彩组合的彩虹，似肥皂泡泡的色彩。

珍珠的颜色对珍珠的价格有一定影响，但不是最主要的。每个人对不同的颜色都有自己的偏好，不同地域的人们因历史文化或习俗不同对珍珠颜色的偏好也不同。有时流行色对不同颜色珍珠的价格也有影响。早些年黑色珍珠深受欢迎，价格略高，这些年金色珍珠（图3-21）又受热捧，与同品质黑珍珠价格相近。对于白色南洋珍珠来说，一般纯白色带粉红色、金色等伴色为尚品；金色南洋珍

图3-19　黑色珍珠的绿色和紫色伴色
图3-20　白色珍珠的玫瑰色、粉红色伴色
图3-21　高品质金色珍珠
图3-22　高品质黑色珍珠

珠以纯正金色为佳；大溪地黑珍珠若在黑色基调上有孔雀绿、浓紫等伴色，就是很好的颜色（图3–22）。

珍珠的大小是指单颗珍珠的最小直径（图3–23），珍珠的大小对其价格有重大的影响，因为越大的珍珠养殖越困难，也就越稀有。珍珠直径超过7mm时，同品质的珍珠直径每大1mm，其价格上升的幅度变大，珍珠的品质越高、直径越大、价格上升幅度越大，高的可达50%～70%。

常说“珠圆玉润”，珍珠的形状是越圆越好，越圆越稀少。国家标准将海水珍珠的圆度分为正圆（A1）、圆（A2）、近圆（A3）、椭圆（B）（包括水滴型和梨型）、扁平（C）、异型（D）五个等级（图3–24）。常说的“走盘珠”，就是指珍珠的圆度很好。异型珍珠的形状不规则，设计师常用异型珠设计一些风格迥异的个性化首饰（图3–25），水滴型珍珠以其特殊的形状适合做耳坠和项坠（图3–26）。异型珠或水滴型珍珠的大小、形状、色泽若能成双配对，也是难得的。

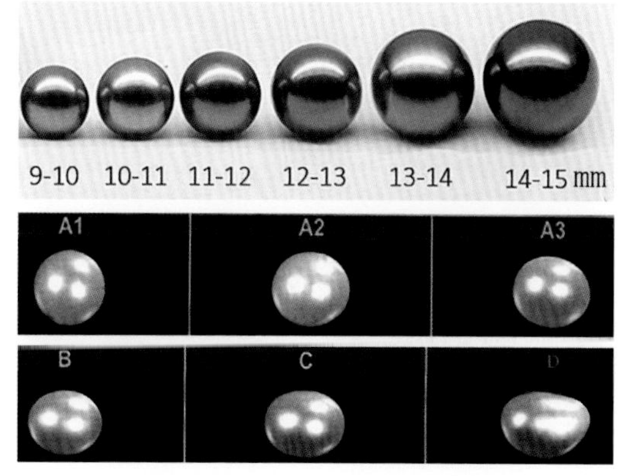

图3-23　同品质珍珠的直径大一毫米，其价格大约翻一倍

图3-24　珍珠的圆度分级

图3-25 19世纪异型珍珠的设计　　图3-26 水滴型珍珠

珍珠的瑰丽炫目归功于其特有的珍珠光泽，珍珠光泽越强，珍珠越晶莹夺目，品质越好。国家标准珍珠表面反射光的强度，将珍珠光泽分为极强（A）、强（B）、中（C）、弱（D）（图3–27）。

珍珠的表面越光滑越洁净越好，珍珠表面的斑点（图3–28）、凹凸、褶皮（图3–29）、沙眼、螺纹（图3–30）都会影响珍珠表面的光洁度，影响珍珠的价值。国家标准根据瑕疵的大小、位置、明显程度、多少，将珍珠的光洁度分为无瑕（A）、微瑕（B）、小瑕（C）、瑕疵（D）、重瑕（E）五个级别。多数用作首饰的珍珠一般在瑕疵级（D）以上（图3–31）。

珍珠层越厚，其珍珠光泽越好，珍珠的品质也越高。珍珠层厚度大于0.5mm就是厚的珍珠层了。珍珠层的厚度要用专业仪器才能测得。

为了规范珍珠市场，国家于2009年开始实施“珍珠分级标准”。价格昂贵的珍珠 般配有珍珠分级证书（图3-32），珍珠分级证书内容有珍珠颜色、大小、形状、光泽级别、表面光洁度级别等。消费者也可从珍珠分级证书内容中了解珍珠的品质，如果自己再具备一点基本知识和经验，选购珍珠时既可随自己的审美情趣，又可买到品质好的珍珠（图3-33、图3-34）。

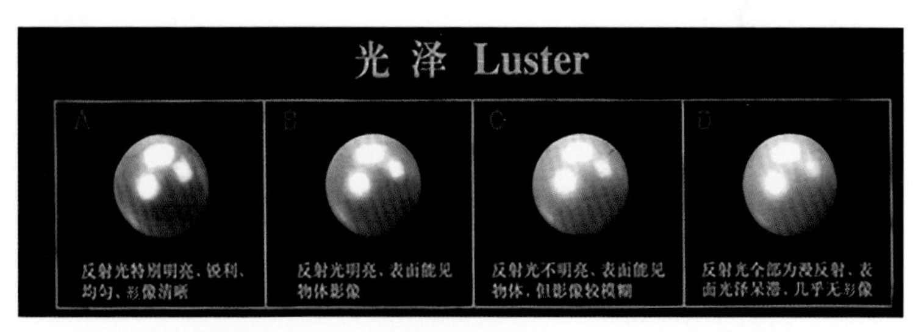

图3-27 珍珠的光泽分级

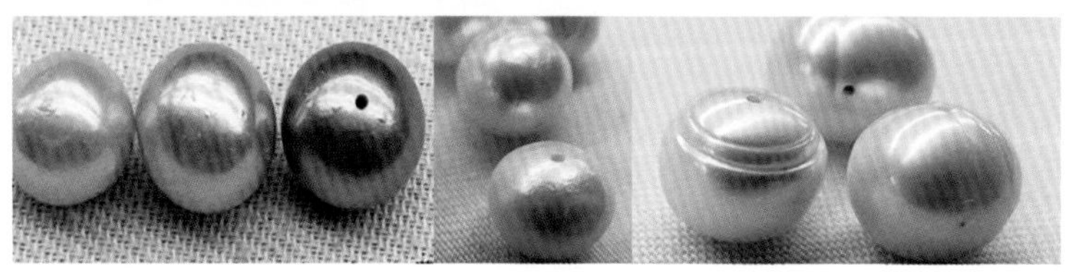

图3-28 表面斑点　图3-29 表面褶皮　图3-30 珍珠螺纹

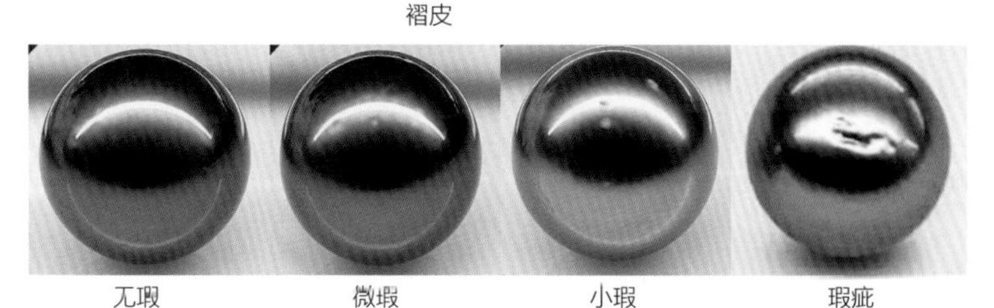

无瑕　微瑕　小瑕　瑕疵

图3-31 珍珠瑕疵等级

早在17世纪法国就出现了用青鱼鳞提取的“珍珠精液”涂在玻璃球上，制成珍珠的仿制品投放市场，以假乱真。目前市场上常见的珍珠仿制品有塑料仿珍珠、玻璃仿珍珠、贝壳仿珍珠。塑料仿珍珠是在乳白色塑料珠上涂一层“珍珠精液”，玻璃珠是用乳白色玻璃小球浸入“珍珠精液”而成，贝壳珠是用厚的贝壳打磨成圆珠，然后涂上“珍珠汁”制成的（图3-35），贝壳珠可以有很多种颜色。这种仿珍珠的光泽或者是表面的质感和珍珠很像。这些仿制品的共同特点是初看很漂亮，细看色泽单调呆板、大小均一，没有伴

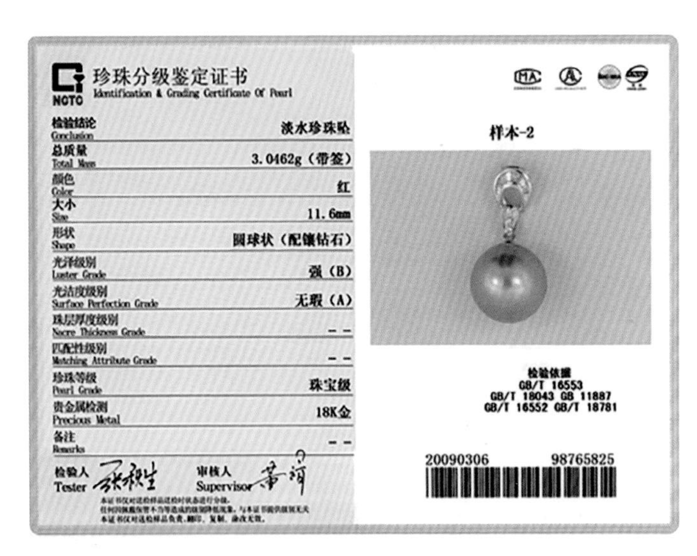
NGTC

珍珠分级鉴定证书

Identification & Grading Certificate Of Pearl

检验结论 Conclusion	淡水珍珠坠
总质量 Total Mass	3.0462g（带签）
颜色 Color	红
大小 Size	11.6mm
形状 Shape	圆球状（配镶钻石）
光泽级别 Luster Grade	强（B）
光洁度级别 Surface Perfection Grade	无瑕（A）
珠层厚度级别 Nacre Thickness Grade	--
匹配性级别 Matching Attribute Grade	--
珍珠等级 Pearl Grade	珠宝级
贵金属检测 Precious Metal	18K金
备注 Remarks	--

检验人 Tester　　审核人 Supervisor

样本-2

检验依据

GB/T 16553

GB/T 18043 GB 11887

GB/T 16552 GB/T 18781

20090306　　98765825

图3-32　珍珠分级证书

图3-33　品质很差的珍珠

图3-34　品质很好的珍珠

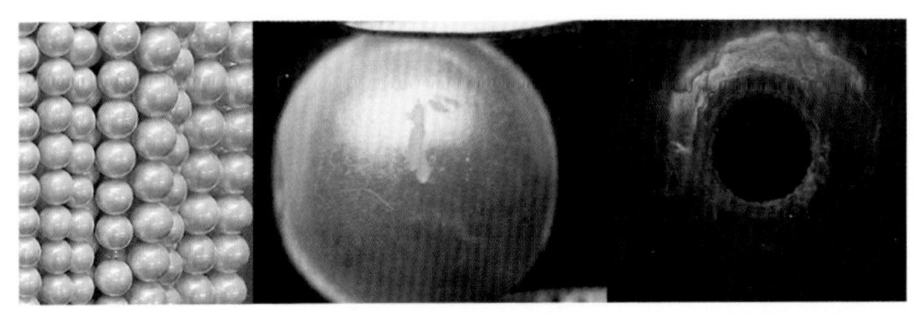

图3-35 贝壳珠　图3-36 玻璃仿制珠和塑料仿制珠在珠孔处或用针挑拨也可见镀层脱落　图3-37 染色珍珠不均匀的颜色

色和色差，表面光滑无瑕疵。玻璃仿制珠和塑料仿制珠在珠孔处或用针挑拨也可见镀层脱落（图3–36）。

因黑色珍珠和金色珍珠比较受欢迎，市场也常见染色珍珠，图3–37是一染色珍珠的表层，可见颜色不均匀的现象。

珍珠保养小贴士

珍珠是含有机质的碳酸钙，硬度低，不耐摩擦、刻划和酸碱。有句俗语“人老珠黄”，珍珠若保养不当，长期裸露在空气中，年月久了，易失去色泽。珍珠在佩戴过程中要避免与硬物摩擦、刮伤，不要与其他首饰混放，不能用牙膏、清洁剂和超声波清洗。珍珠也需避免接触化妆品、香水等任何化学品。切勿在淋浴、做家务或剧烈运动时佩戴珍珠首饰。夏天佩戴珍珠后，用湿的软布轻擦珍珠表面，以清洗汗水，待表面阴干后包装好，放在阴凉处。珍珠不宜长久暴露在高温和日光下，以免珍珠失去水分而光泽变得暗淡或变黄。

CHAPTER 4

蓝宝石

深邃迷人，女人沉静智慧的表达

蓝宝石是九月生辰石，象征智慧、纯真、恬静、希望。它那深邃迷人的蓝色，不仅彰显配戴者睿智高冷的气质，又给人无限遐想。

蓝宝石同红宝石、祖母绿等一样也是珍贵的彩色宝石之一，有着古老的内涵和美丽的传说。相传蓝宝石是太阳神阿波罗的圣石，波斯人认为大地是由一颗巨大的蓝宝石支撑起来的，这颗巨大的蓝宝石反光使天空呈现蓝色。从东方文明古国到欧洲的皇室贵族，千百年来蓝宝石一直被珍视和尊崇，又被称作“帝王之石”。在英国皇家珠宝史上有两颗著名的蓝宝石，一颗是“圣·爱德华”蓝宝石，另一颗是“斯图亚特”蓝宝石（图4–1），这两颗蓝宝石都具有悠久的历史传承，且命运多舛。

图4-1 “斯图亚特”蓝宝石
图4-2 凯特王妃和威廉王子订婚时的蓝宝石戒指
图4-3 伊丽莎白二世佩戴的蓝宝石胸针

在英国王室中广为人知的蓝宝石是凯特王妃和威廉王子订婚时的蓝宝石戒指（图4–2），这枚戒指中间是一颗12克拉的蓝宝石，周围镶嵌14颗小钻石，是当年查理斯王子和戴安娜王妃的订婚戒指。这枚蓝宝石戒指既是王室的传承也是爱情的传承，意义非凡，其价值远超出它本身。蓝宝石一直备受英国皇室女人的爱戴，19世纪维多利亚女王的丈夫在两人大婚前委托Garrard制作一枚蓝宝石胸针送给女王，女王在大婚时将它佩戴在胸前。后来胸针传到伊丽莎白二世，她曾在多次国际场合佩戴，也佩戴它参加威廉王子的受洗仪式（图4–3）。

蓝宝石的前世今生

蓝宝石与红宝石同属一个家族，即刚玉矿物族（图4–4），它们的物理化学性质是相似的，不同之处是所含的微量元素，微量元素不同导致它们的颜色不同。国际珠宝界依据颜色将刚玉族宝石划分为红宝石和蓝宝石，但关于红宝石和蓝宝石的界限一直有争议。1989年在曼谷召开的国际有色宝石协会年会上对红宝石、蓝宝石的界限提出了新的原则，即把所有具红色色彩的刚玉划归红宝石，其他颜色的宝石级刚玉划归为蓝宝石。由此可知蓝宝石可以是紫色、绿色、黄色等其他颜色（图4–5 ~ 图4–7）。

蓝宝石和红宝石虽同属刚玉矿物族，但它们的产出环境不完全相同，产出环境的差异也决定了它们不尽相同的分布状态。从资源分布来看，蓝宝石比红宝石分布在全球更广阔的范围，除东南亚地区外，在澳大利亚、美国的蒙大拿州、非洲的马达加斯加等地有产出。另外，蓝宝石的产量也比红宝石多，且蓝宝石的晶体通常比红宝石大。这些或许就是蓝宝石的价格比同品质的红宝石价格低的原因。

图4-4　蓝宝石晶体

图4-5　黄色蓝宝石戒指

图4-6　蒂夫尼粉紫色蓝宝石胸针

图4-7　绿色蓝宝石

蓝宝石的品鉴

蓝宝石虽然品种很多，但其主流还是蓝色蓝宝石。蓝色蓝宝石中最著名的两种是矢车菊蓝宝石和皇家蓝蓝宝石。

矢车菊蓝宝石是顶级的蓝宝石（图4–8）。颜色是微带紫色色调的蓝色，色泽柔和，转动宝石，紫色色调或多或少变化着。因内含微小包体，其反光使宝石看上去有天鹅绒般的质感，这种独一无二的丝绒效果深受人们喜欢，其每克拉价格一般几千美元到几万美元，上好的可达10万美元一克拉。因似德国国花矢车菊的颜色（图4–9），而得名。主要产在印度与巴基斯坦边界的克什米尔地区。缅甸、泰国和斯里兰卡也有少量产出。目前市场上矢车菊蓝宝石不多见。

皇家蓝蓝宝石（图4–10），为鲜浓的蓝色带紫色色调，颜色浓郁深沉，显贵气。以缅甸、斯里兰卡产区的最佳，马达加斯加也有产出。产量比矢车菊蓝宝石多，市场多见。其克拉价格比矢车菊蓝

图4-8　矢车菊蓝宝石
图4-9　矢车菊
图4-10　皇家蓝蓝宝石

宝石低，多为几千美元一克拉。图4-10为5.16克拉的皇家蓝蓝宝石，其克拉单价约35000元人民币。

在彩色蓝宝石中最受人们宠爱的是帕帕拉恰蓝宝石（Padparadscha）（图4-11），又称帕德玛蓝宝石，是红莲花的一种颜色（图4-12）。帕帕拉恰蓝宝石呈独特的粉橙色，似红莲的颜色，主要来自斯里兰卡，被这个佛教国家视为珍宝。帕帕拉恰蓝宝石很少出口，又因产量不高，在国际市场上弥足珍贵，故其价格很高。优质的帕帕拉恰蓝宝石克拉价格是蓝宝石中最高的。

绿色蓝宝石的绿色不鲜艳，常带有蓝色或黄色、灰色色调。颜色上的不足使得绿色蓝宝石价格普遍不高。

紫色蓝宝石和黄色蓝宝石，市场上不常见，两克拉以上颜色好品质优的具有收藏价值。

如果蓝宝石具有星光效应（图4-13），其价值会大大提升。传说中星光蓝宝石的三条光带分别代表忠诚、希望和博爱。

11 12 13

图4-11 斯里兰卡产30克拉帕帕拉恰蓝宝石（图片Tino Hammid）
图4-12 红莲花
图4-13 星光蓝宝石

蓝宝石的品质评价因素中，颜色是首要因素，颜色过浅过深或带灰色色调都会影响其价格。灰黑色、深褐色、无色蓝宝石的价格都比较低。除颜色外，蓝宝石的净度、大小、切工也影响蓝宝石的价格。多数蓝宝石的净度都比红宝石好，通常不对蓝宝石的净度作详细划分，只要没有明显的包体，净度对价格影响不大。虽大部分蓝宝石晶体比红宝石大，但大颗优质蓝宝石仍不多见，故蓝宝石的颗粒大小对其价格有影响。

商业级的蓝宝石多数进行了热处理，其目的是改善蓝宝石的颜色。澳大利亚蓝宝石、泰国蓝宝石和我国山东蓝宝石多数颜色深或带灰色色调、透明度差，需经热处理才能达到商业级。同红宝石一样，热处理蓝宝石的颜色是稳定的，是被市场接受的，但其价格比同品质的未经热处理的低很多。购买高品质蓝宝石时，需索要权威机构的鉴定证书，如瑞士宝石研究鉴定所的GRS证书。图4–14是产自马达加斯加3克拉的没有经热处理的蓝宝石GRS证书，图4–15是产自斯里兰卡5.82克拉经热处理的蓝宝石GRS证书，该证书会告诉你蓝宝石是否经过了热处理和它的产地。值得一提的是该证书的鉴定费很高，200至600美金不等，一般高品质的蓝宝石才会做此证书。如果是1万元内的商业级佩戴首饰，不必在意宝石属否经热处理。

蓝宝石保养小贴士

蓝宝石与红宝石同属刚玉族宝石，它们的物理化学性质是相同的，故蓝宝石首饰的保养方法与红宝石是一样的。

GRS GEMRESEARCH SWISSLAB®

GEMSTONE REPORT

EDELSTEINBERICHT
RAPPORT DE PIERRE PRÉCIEUSE

No. GRS2014-062374
Date 14th June 2014
Object One faceted gemstone
Identification Natural Sapphire

Weight 3.00 ct
Dimensions 9.71 x 7.43 x 4.73 (mm)
Cut brilliant/step (3)
Shape oval
Color deep blue
Comment No indication of thermal treatment
无热处理迹象

Origin
Gemmological testing revealed characteristics corresponding to those of a natural sapphire from:

Madagascar
马达加斯加

Dr. A. Peretti FGG FGA
European Geologist

© GRS Gemresearch Swisslab AG, P.O. Box 3628, 6002 Lucerne, SWITZERLAND

Translation
Verification
Code Use
See Help
INTERNET

2014-062374

图4-14 未经热处理的蓝宝石GRS证书

GRS GEMRESEARCH SWISSLAB®

GEMSTONE REPORT

EDELSTEINBERICHT
RAPPORT DE PIERRE PRÉCIEUSE

No. GRS2012-054184
Date 31st May 2012
Object One faceted gemstone
Identification Natural Sapphire

Weight 5.82 ct
Dimensions 16.03 x 8.32 x 5.61 (mm)
Cut modified brilliant/step (5)
Shape pear
Color blue
Comment H 热处理
LIBS-tested
(see reverse side for details)

Origin
Gemmological testing revealed characteristics corresponding to those of a natural sapphire from:

Sri Lanka
斯里兰卡

Dr. A. Peretti FGG FGA
European Geologist

© GRS Gemresearch Swisslab AG, P.O. Box 4028, 6002 Lucerne, SWITZERLAND

Translation
Verification
Code Use
See Help
INTERNET

2012-054184

图4-15 经热处理的蓝宝石GRS证书

CHAPTER 5

祖母绿

雍容华贵，仁慈、善良的象征

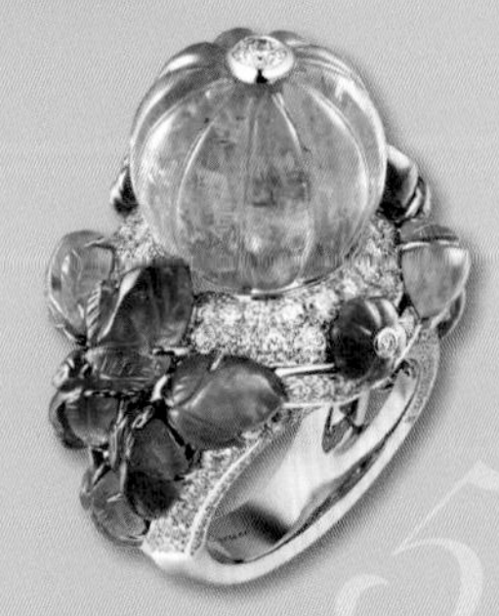

图5-1　祖母绿
图5-2　印加帝国国王皇冠
图5-3　阿尔伯特亲王赠予维多利亚女王的王冠和一套祖母绿首饰（图片自iDailyJewelry）
图5-4　镶有祖母绿、珍珠的西班牙镀金王冠和十字架挂坠（图片自iDailyJewelry）
图5-5　“水果锦囊”风格的祖母绿戒指

祖母绿的名称起源于波斯语“Zumurud”，原意为绿色之石，后传入我国从“助木刺”演化为“子母绿”或“祖母绿”。春天般的色彩，柔和的光泽，清新自然、赏心悦目。不同于钻石的闪耀、红宝石的热烈、蓝宝石的深邃，祖母绿独一无二的绿和绒光让它从众多彩色宝石中脱颖而出，雍容华贵、高不可攀（图5–1）。

祖母绿自古以来就备受推崇，拥有众多的历史传奇。在古希腊，人们将祖母绿作为珍宝奉献给女神维纳斯。自16世纪哥伦比亚发现祖母绿矿床后，各帝国王室都喜欢将祖母绿镶嵌在王冠、权杖和各种首饰上。最有名的是印加帝国国王皇冠（图5–2），据说，1600年，为了感谢天花流行期间的庇佑，印加古城的人们为圣母玛丽亚雕像制作了这顶王冠。王冠用纯金制作，底座雕刻了精细繁复的图案，采用包镶工艺，镶有453颗祖母绿，装在哥伦比亚大教堂的圣母塑像上。1650年英国海盗将其劫走，1812年这个王冠又成了解放南美奴隶战争的战利品……现今，这顶王冠存于美国纽约大都会博物馆。另一套著名的祖母绿首饰是阿尔伯特亲王在1845年赠予维多利亚女王的礼物——一套由王冠、项链、耳坠、胸针组成的祖母绿首饰（图5–3）。王冠的造型受哥特风格影响，顶部共镶嵌19颗倒置的水滴型祖母绿，最大的一颗重约15克拉。王冠下方以玫瑰切割钻石和祖母绿镶嵌构成维多利亚时期典型的装饰图案。图5–4是西班牙1690年制作的镶有祖母绿的和珍珠的镀金王冠和十字架挂坠，王冠采用纯银镀金材质为底座，镂刻有繁复的花卉和枝叶图案。

由此可见，祖母绿从出生开始就被皇室贵族宠幸，在珠宝史上自古以来就是有崇高的历史地位和背景。品牌珠宝也喜欢用祖母绿打造高端首饰。图5–5是卡地亚（Cartier）在2015年推出的“水果锦囊”风格的戒指，将祖母绿主石雕刻成果实，将小颗祖母绿和蓝宝石雕刻成叶片，然后镶嵌成戒指。

祖母绿的前世今生

祖母绿属绿柱石矿物族（图5–6），在世界上的产量极其稀少，约100万颗绿柱石中仅有一颗祖母绿，颜色、净度品质好的就更稀少。矿石蜕变成华丽的祖母绿经历了勘探、开采、矿石分选、原石切磨、宝石分级等阶段。祖母绿虽硬度较高，但由于其特殊的易碎晶体习性，属难切磨的宝石之一，常被切成阶梯型（图5–7），又称祖母绿型，这种切割方法不仅能充分展现祖母绿的光泽，也可对祖母绿进行保护。

祖母绿最早产自埃及，公元前2000年左右的埃及，祖母绿已被人们佩戴流传，也深受当时各国王室青睐。按现今标准来说，埃及祖母绿属低质量的，大都由希腊或罗马技工嵌在首饰上。图5–8是发现于耶路撒冷旧城墙附近一座拜占庭式建筑内的耳环。据估测，这只耳环制造于距今两千余年的古罗马时代，经代代相传，方才流入这座拜占庭式建筑内。耳环上端是一颗镶嵌在金丝环绕中的大珍珠，下方垂下两颗祖母绿和小颗珍珠连成的小坠。

图5-6 绿柱石晶体
图5-7 祖母绿型切割
图5-8 古罗马时代祖母绿珍珠耳环
图5-9 哥伦比亚祖母绿
图5-10 巴西祖母绿
图5-11 赞比亚祖母绿

16世纪中叶哥伦比亚发现祖母绿后，西班牙人把从南美掠夺的祖母绿运到欧洲。祖母绿便以其独特、迷人的华丽气质引无数欧洲人追逐，欧洲的王室名媛竞相佩戴哥伦比亚祖母绿首饰。迄今哥伦比亚产出的祖母绿仍以品质好、产量大闻名于世，图5-9是一颗品质较好的祖母绿。

巴西是祖母绿的另一个主要产地，最早发现于1554年。多数巴西祖母绿品质色泽较淡且透明度不好，但颗粒相对大一些，常被磨成蛋面型（图5-10）。

非洲南部包括赞比亚、津巴布韦和南非也是祖母绿的一重要产区，其祖母绿品质介于哥伦比亚和巴西之间，以津巴布韦所产的较好，但粒度较小（图5-11）。

除上述产地之外，俄罗斯、澳大利亚、印度、巴基斯坦、奥地利、坦桑尼亚、马达加斯加等都有祖母绿产出。在我国云南文山也发现有祖母绿资源，但品质较差，颜色过浅或太深，透明度不好，粒度也小，少有可用于磨成宝石。

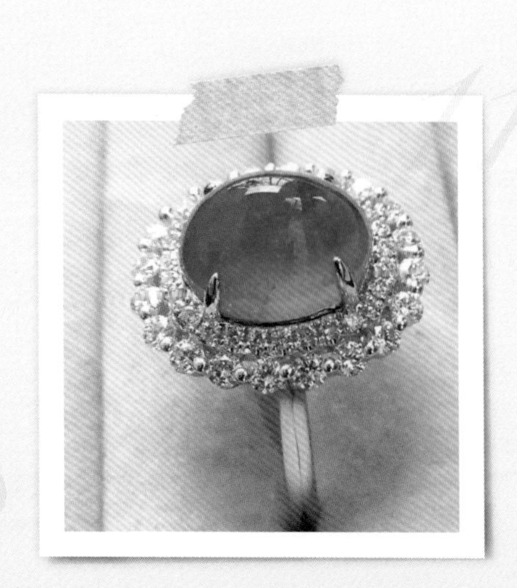

祖母绿的品鉴

祖母绿不像其他宝石一样璀璨夺目，而以葱郁的绿色和绒状外观备受欢迎。祖母绿的品质评价一般从颜色、净度和透明度、重量和切工、产地几方面考虑。

首先是颜色，以颜色鲜艳、饱和度高的蓝绿至纯绿色为好。颜色太浅、太深或偏暗的都不是收藏的最佳选择。

其次是净度和透明度，通常是祖母绿越干净透明度越好。祖母绿产出环境复杂，常含有肉眼可见的杂质和裂纹。因此与其他宝石比，对祖母绿的净度要求不是那么苛刻。虽然越干净越好，但颜色很好、净度也很好的祖母绿少之又少，这也是优质祖母绿极其昂贵的原因。

然后是重量，祖母绿因杂质和微裂多，原料磨成刻面宝石的成品率只有百分之几，有时几十克的一块原料，只能磨得2~3克拉成品。市场上大多是1克拉以下的祖母绿，品质很好重量在2克拉以上的祖母绿不多见。2~3克拉或更大的祖母绿价值比相同重量和品质的钻石高很多。重量在5克拉以上的优质祖母绿就是难得的珍品，具收藏价值。20克拉以上就是稀有品。

切工也会影响祖母绿的价格。祖母绿一般加工成祖母绿型。如果切磨成其他形状，可能是为了避开裂纹或暗色包体，因此价格也会偏低一些。

祖母绿的产地对祖母绿的价格是否有影响，没有确切的说法，只是因为哥伦比亚产出的优质祖母绿相对较多，在珠宝首饰行业中有很高的声誉，给人留下了很好的印象，所以人们对哥伦比亚祖母绿有种偏爱。如果来自不同产地同品质和重量的祖母绿，产自哥伦比亚的价格会高一些。

需要强调的是，没有任何裂隙的优质祖母绿很少见，为了掩盖裂隙提升祖母绿的透明度和保护其在加工过程中不会损害，工匠们在祖母绿磨制过程中会在原始晶体中注入一种折射率与祖母绿相近的油。图5-12是祖母绿注油前后对比图，从图可知注油后祖母绿中的裂隙不明显了。但随时间的推移，油会挥发，原有的裂隙会慢慢显现出来。祖母绿是否注油或油的多少都会影响祖母绿的价值，需要通过专业检测机构检测。瑞士宝石研究鉴定所GRS（Gem Research Swiss）证书，对祖母绿的注油有细致划分，分七个等级：None（无）、Insignificant（极微量）、Minor（微量）、Moderate（中度）、Prominent（明显）、Significant（重度）。None（无）级别祖母绿极其罕见，Insignificant（极微量）、Minor（微量）级别属高品质。颜色比较好，颗粒较大的，级别达到Minor（微量）级就可以收藏了。我国国家珠宝玉石质量监督检验中心（NGTC）出具的证书根据注油量的多少，在备注中会标注“经净度改善”“净度轻度改善”“净度中度改善”和“净度重度改善”，如图5-13所示。净度越好的祖母绿注入的油也就越少。

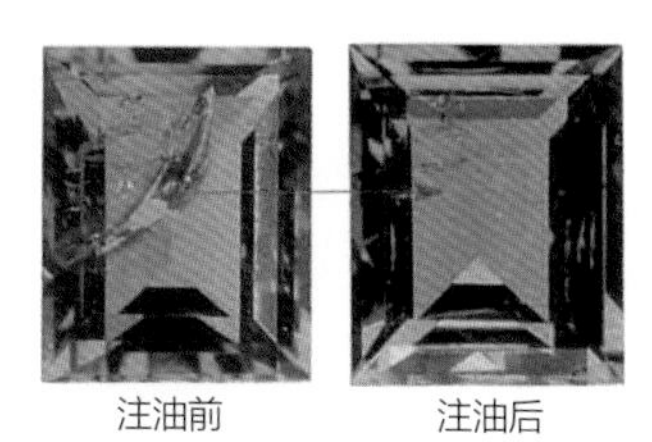

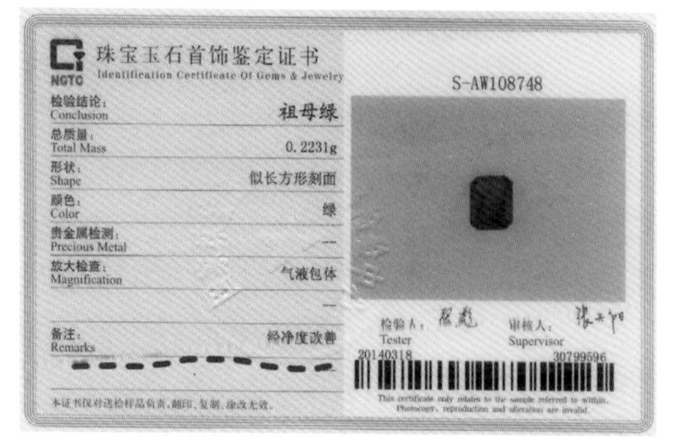

NGTC 珠宝玉石首饰鉴定证书
Identification Certificate Of Gems & Jewelry

S-AW108748

检验结论：Conclusion	祖母绿
总质量：Total Mass	0.2231g
形状：Shape	似长方形刻面
颜色：Color	绿
贵金属检测：Precious Metal	—
放大检查：Magnification	气液包体
	—
备注：Remarks	经净度改善

检验人：Tester　审核人：Supervisor

20140318　30799596

本证书仅对送检样品负责，翻印、复制、涂改无效。

This certificate only relates to the sample referred to within. Photocopy, reproduction and alteration are invalid.

图5-12　注油前后的祖母绿

图5-13　注油祖母绿的鉴定证书

祖母绿的价值因受上述几方面的影响，单价每克拉从几十美元到数万美元不等。

与祖母绿相似的宝石有：沙弗莱石、铬透辉石、绿色碧玺、绿色磷灰石、绿色萤石、翡翠、绿色玻璃等。

沙弗莱石，呈黄绿色至亮绿色，光泽比祖母绿闪亮，多数比祖母绿干净，内部少见裂纹与瑕疵，但颜色不如祖母绿。沙弗莱石是绿色宝石中的新宠，没有祖母绿那么悠远的历史，也没有祖母绿在国际珠宝界的崇高地位，故在价值上远不如祖母绿。克拉单价几百美元至几千美元不等。图5–14是沙弗莱戒指，主石重1.31克拉，铂金镶嵌，总价约2万。

铬透辉石，深绿色至黄绿色，颜色比祖母绿稍暗，没有祖母绿柔和的绒光，硬度比祖母绿低，内部较祖母绿干净。铬透辉石是绿色宝石中的新贵，知名度不是很高，价格很亲民，只有祖母绿的十分之一（图5–15）。

绿色碧玺，蓝绿色至暗绿色，色调偏暗（图5–16）。

祖母绿与这些相似宝石的区别，单凭肉眼难区分的，需要专业鉴定师用专业仪器才能正确区分。

图5-14 沙弗莱戒指
图5-15 铬透辉石戒指
图5-16 绿色碧玺戒指

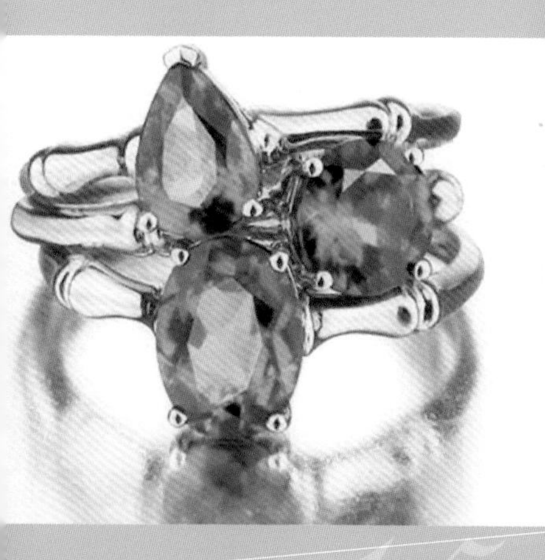
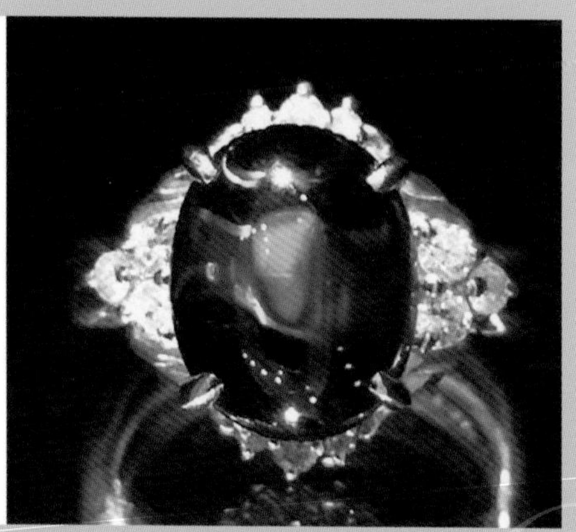

15 16

祖母绿保养小贴士

祖母绿裂隙发育且多数有油充填，因此祖母绿在佩戴和收藏过程中需要小心维护和保养，祖母绿忌碰撞、油烟、高温，也不能用超声波清洗。祖母绿的硬度也不是特高，在收藏时应单独存放，不要与其他珠宝首饰混在一起，以免棱角受损或表面擦伤。剧烈运动时不要佩戴祖母绿首饰以免碰撞宝石内产生裂纹。多数注油的祖母绿在高温下，油会蒸发，凸显祖母绿的瑕疵。再就是祖母绿受热后冷却时有可能产生新的裂隙，原本有的裂隙也有可能扩大。祖母绿也不能用酸、碱、酒精、乙醚等清洗，这些物质也会破坏祖母绿中的油，会使祖母绿中的裂隙显现出来。

CHAPTER 6

翡翠

绿艳冰姿，尽展东方女人的魅力

翡翠，艳而不俗、泽而不耀、透而不闪，古典、温婉、妩媚、妖娆，尽显东方女性的千娇百媚，魅力跃于碧色之中，涵养蕴于晶莹之内。纤纤细腕间悠悠晃动的翡翠手镯更是对东方女性传统美与婉约气质的最好诠释。古代成语中不乏“如花似玉”“冰清玉洁”“金枝玉叶”“亭亭玉立”之类，以“玉”对东方女性进行赞美之词。“佳人如玉，玉如佳人”，喜欢佩戴或把玩翡翠的女人，久而久之品性也会与翡翠相融相通，具有玉石般的中庸之慧，温润之德。她们从容淡定、不骄不躁，不喜形于色，也不悲悲戚戚；她们或清新脱俗，或风华绝代，但绝不会张扬尖锐、咄咄逼人（图6–1）。

图6-1　翡翠

翡翠以其艳丽的色彩、细腻莹澈的质地及丰富的文化内涵成为最具观赏价值、收藏价值的玉石，被誉为玉石之王，深受亚洲人，尤其是华人的青睐。

在中国古代，翡翠是一种鸟的名称，羽毛有红、绿、蓝、棕等颜色，红色羽毛的称之“翡”，绿色羽毛的称之“翠”。翡翠鸟羽毛制作的饰品在宫廷盛行，深受皇宫贵妃的喜爱，她们用羽毛贴镶拼嵌成首饰，故其制作的首饰都带“翠”字，如：钿翠、珠翠等。与此同时，缅甸玉通过进贡进入皇宫，为贵妃们所喜爱。由于缅甸玉多为绿色、红色，且与翡翠鸟的颜色相同，故人们称这些缅甸玉为翡翠，从此流传开。

翡翠的前世今生

据考古工作记载，清代以前出土的文物中，未见真正的翡翠。据说明至清初，翡翠的开采量极少，加之交通不便，不被重视。一些散碎银子就可买成堆的很好的翡翠原料。清乾隆年间，朝廷一位采买官经一腾越（现称腾冲）人介绍认识翡翠，遂选上等玉料制成精品，进贡朝廷。乾隆皇帝观其后，因其颜色艳丽视为珍宝，并命名“帝王玉”。乾隆下江南，从扬州带回一批玉雕艺人，在宫廷设立玉作，用翡翠雕刻各种玉器如翡翠白菜（图6-2）、笔洗、鼻烟壶等，翡翠白菜藏于台北故宫博物院，据说是清末瑾妃的嫁妆，叶青梗白的白菜寓意清白，叶尖的蝈蝈寓意子孙绵延。除这些外也有用翡翠制作的朝珠（图6-3）、板指（图6-4）、发簪（图6-5）、钿子、印章等。翡翠从此在宫中和民间盛行，形成了上至后妃宫丽下至平民仕女，无不以金玉翠珠为饰的热潮。因其色泽艳丽、质地润透和硬度适中，翡翠的贵重程度逐渐胜过已流传百世的和田玉。清代翡翠中有许多精工细琢的珍贵艺术品，有以青铜器为祖形的仿古器皿，也有各种仁兽、瑞兽为造型的陈设品，还有山水、花鸟浮雕图画式的玉屏、玉佩等。

19世纪初，西方“装饰艺术风格”时期，也是欧洲珠宝首饰变革风潮时期，无所不用的“拼接”设计方法成为主旋律，强调怎样挖空心思将不沾边的东西拼接在一起，浑然天成、光彩夺目。东方的翡翠、玉石就这样被带入了西方珠宝首饰领域，出现了很多翡翠装饰作品。图6-6是1923年卡地亚出品的翡翠耳坠，翡翠切割成菱形，雕刻“耋寿”字样，围镶钻石和蓝宝石。由此可见在那时西方首饰设计中就运用了中国元素。图6-7是1924年卡地亚设计制作的龙型翡翠胸针，胸针主石是中国龙形翡翠，搭配钻石、蓝宝石，运用了珐琅技术，用黄金镶嵌。

中华人民共和国成立后，北京、上海等相继建立了玉雕加工厂，翡翠玉石雕刻工艺得到了较好的传承。翡翠首饰日趋流行，被很多人喜爱。翡翠的雕刻工艺、加工工艺、设计风格得到了前所未有的发展。翡翠与贵金属和各种宝石搭配设计制作成各种吊坠、戒指、耳饰（图6-8），且设计风格多元化、个性化。

2 3

图6-2 翡翠白菜

图6-3 翡翠朝珠

图6-4　翡翠板指
图6-5　翡翠佛手发簪
图6-6　翡翠耳坠
图6-7　龙型翡翠胸针

图6-8　现代翡翠首饰

翡翠的文化内涵

我国玉石文化源远流长，翡翠虽只有300～400年历史，但它是我国玉石文化的一个重要组成部分。人们将玉与人格修养、情操等一切美好的事物紧紧联系在一起。玉雕师将民间传说、文化习俗、宗教信仰和生活信念等观念形象化地融入翡翠中，表达人们对美好生活的追求与祝愿，如图腾崇拜、吉祥如意、长寿多福、家和兴旺、平安好运、事业腾达、避邪消灾等寓意。在古代交通不便，家人希望外出的男人旅途平平安安，故给其佩戴翡翠观音以求平安。女子多愁善感易生烦忧，佩戴翡翠佛，可让女子心胸豁达、乐观开朗。因此，自古就有“男戴观音女戴佛”的说法。平安扣是翡翠吊坠的常见造型，大圆包含着小圆（图6–9），整体圆滑顺畅，寓意事事圆满、平平安安、一帆风顺。“如意”“竹子”“树叶”也是翡翠挂件中常见的造型（图6–10），“如意”表示事事顺心如意；“竹子”寓意事业节节高升；“树叶”有“大业（叶）有成”“一夜（叶）成名”之意。在中国传统观念中，龙和凤代表吉祥如意，龙凤一起表示喜庆的事，图6–11是寓意“龙凤呈祥”的翡翠挂件。“葫芦”谐音为“福”和“禄”，动物为兽，与“寿”同音，葫芦和松鼠或其他动物图案（图6–12），表示“福、禄、寿”之意。雕有松树和鹤图案的翡翠，有“松鹤长春，松鹤延年”之意，寓意健康长寿。

图6-9　平安扣
图6-10　如意、竹子、树叶
图6-11　龙凤呈祥
图6-12　葫芦

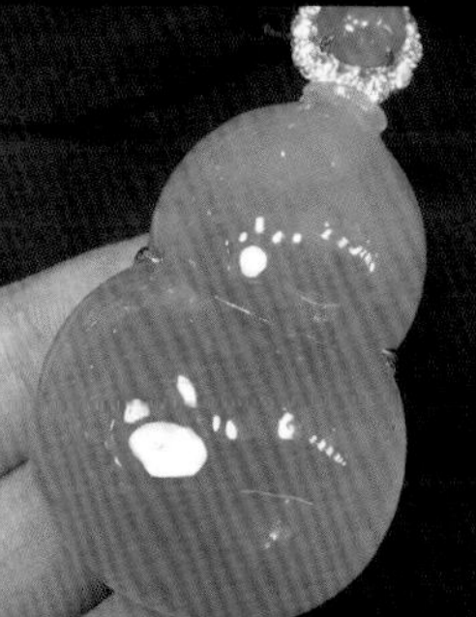

玉镯是古代女子常见的信物，也是女子平安、幸福的护身物。翡翠玉镯有福镯、平安镯、贵妃镯、公主镯等。福镯是一种传统手镯，圈口是圆的、条身都是圆的，寓意圆圆满满，也称圆条镯（图6–13），中老年女性慈祥、和蔼适宜佩戴这种手镯。平安镯圈口是圆的，条身外侧是半圆的或弓形的，内侧是平的（图6–14），似马鞍，“鞍”与“安”谐音，寓意“平安”，平的内圈与手腕的贴合也比较好。贵妃镯圈口是椭圆的，条身外侧是半圆的或弓形的，内侧是平的（图6–15），相传杨贵妃十分喜爱这种手镯，是她最早使用和发明的，这种手镯与手腕更加贴合，不易磕碰，适合中青年女性佩戴。公主镯圈口是圆的，条身内外侧都是平的（图6–16），这种手镯时尚、个性，适合青春妙龄女孩。

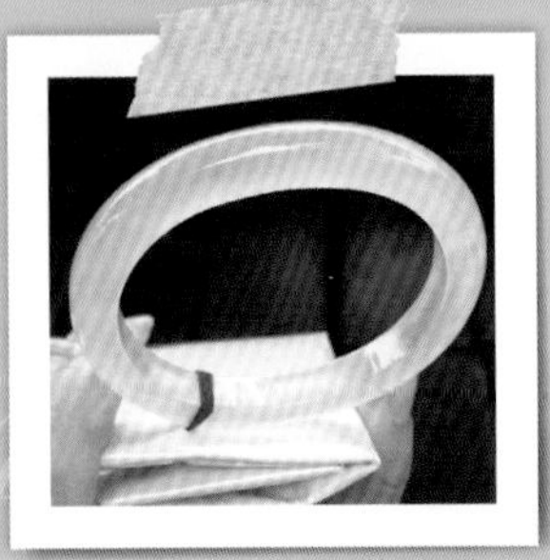

图6-13　圆条镯
图6-14　平安镯
图6-15　贵妃镯
图6-16　公主镯

翡翠的品鉴

翡翠的价值取决于颜色、种即透明度和质地细腻程度、底子是否干净、有无裂纹、雕刻工艺、大小、文化内涵的表现等。

翡翠的颜色讲究“浓、阳、正、和”。“浓”是指翡翠绿色的浓淡、深浅，也就是绿色的饱和度。“阳”指颜色的鲜艳程度，即颜色亮度高，明亮的颜色让人赏心悦目。鲜艳的绿色，行内称“色辣”。颜色中若有“蓝灰”或“黑灰”色调，颜色就偏暗，图6–17中的两翡翠挂件底色都比较暗，带灰色色调，左边的为灰黄色，右边的底色为绿灰色。“正”是指颜色要纯正，仅有主颜色，没有其他色调。“和”又称“匀”，是指翡翠的颜色分布是否均匀、饱满或颜色的分布与翡翠造型是否和谐，例如：翡翠佛如果绿色在佛的肚子上（图6–18），相对来说颜色是和谐的，如果颜色分布在佛的头上，但佛的肚子上没有颜色，这种颜色分布就不是很好。图6–19翡翠的颜色呈丝状均匀分布，是和谐的。图6–20、图6–21中翡翠的颜色达到了“浓、阳、正、和”，是翡翠中的极品。

图6-17　翡翠底色带灰色色调

翡翠除常见的绿色外，还有无色、白色、红色、紫色、黑色、黄色等。如果同一块玉上既有绿色又有紫色，行话称春带彩。因为绿色翡翠被多数人接受，喜欢紫色翡翠的是小众。紫色翡翠比绿色翡翠少见，品质好的紫色翡翠也是难得的珍品（图6-22）。黑色翡翠以前不受欢迎，看上去有些脏，多年来价值比较低。随着艺术文化的普及，一些人觉得黑色翡翠的纹理、图案有中国水墨画的意境，给人无限遐想。因此黑色翡翠也被少数人喜爱。品质好的黑色

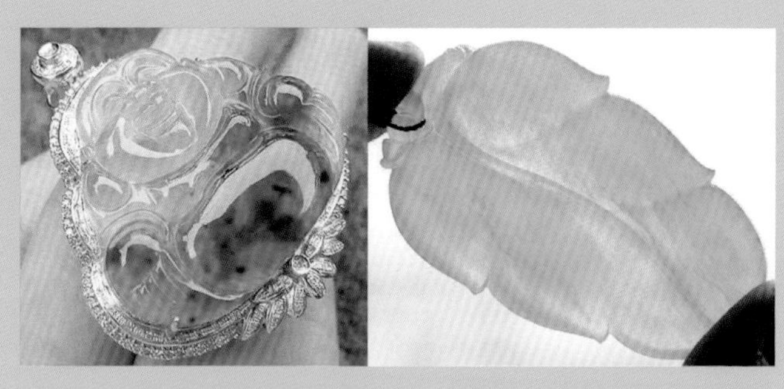

图6-18　佛的绿色常在大肚处

图6-19　绿色呈丝状均匀分布

图6-20　祖母绿色

图6-21　翠绿色

翡翠价格也比较高（图6-23）。

无色-白色翡翠常见，无色透明的翡翠常称之为“冰种”（图6-24），价格不菲。白色不透明的是非常低档的翡翠，行话为“干白地”（图6-25）。少数商家将这种染色，以非常低的价格出售，以满足低端市场。

黄色、红色翡翠，在商业中称之为“翡”，种好的黄色、红色翡翠很稀少，价格很高。

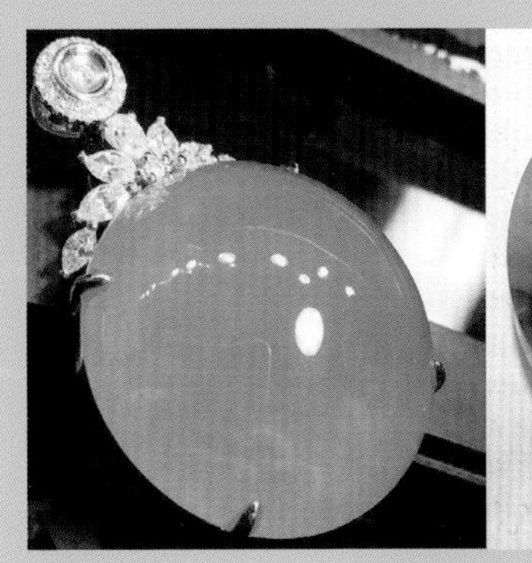

图6-22 紫色翡翠

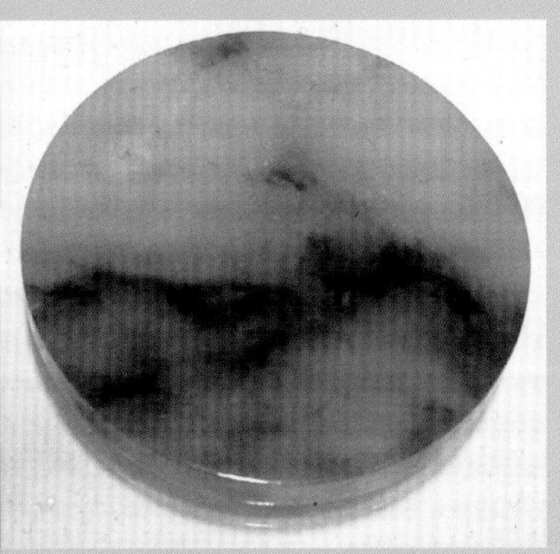

图6-23 黑色翡翠

图6-24 无色翡翠

图6-25 干白地翡翠和染色翡翠

图6-26　翡翠项链

翡翠的种是评价翡翠一个十分重要的因素，“外行看色，内行看种”指真正懂得翡翠的人喜欢种好的翡翠，而多数消费者喜欢色好的翡翠。“色高一级贵十倍，种高一级贵百倍”也说明翡翠的种对翡翠价值影响的重要性。高档翡翠一般是玻璃种、冰种，中高档翡翠一般是蛋清、油青、糯种，而豆种、干青种、花青种翡翠价值较低。玻璃种：清澈透明，犹如玻璃，如果有较好的颜色，价值连城。图6–26是美国富家女芭芭拉·赫顿（Barbara Hutton）曾拥有的玻璃种满绿翡翠项链，1933年卡地亚为它设计制作红宝石链扣。

冰种：无色，透明如冰，内含少量絮状物。

蛋清种：也称鼻涕种，透明至半透明，略显浑浊，不清澈。

油青种：灰绿色至暗绿色。

糯种：半透明、质地细腻均匀，无颗粒感，光泽似糯米粉做的“糍粑”或“年糕”而得名。

豆种：透明度不好，质地略显粗，颜色鲜艳，常用来做雕件。

干青种：不透明，颜色好。

花青种：颜色杂、质地粗、价值低，宜做雕件。

翡翠中的“棉”，指翡翠中白色的斑块状、条带状、丝状絮状物（图6–27），棉影响翡翠的净度和透明度，从而影响翡翠的价值。在种好的翡翠上，棉更明显。多数情况下棉越少越好，少数情况下，翡翠中的棉会有意想不到的效果（图6–28翡翠中的棉似漫天飞舞的雪花）。完全没有棉的翡翠是极少的。

翡翠中的脏点、绺裂影响翡翠的美观和稳定性。若翡翠的底子有黑点或褐色的点，翡翠的价值会受影响。翡翠中的裂（图6–29A）和绺（图6–29B）对翡翠的价值有影响，但裂比绺对翡翠价值的影响大。“绺”是翡翠中愈合裂隙留下的痕迹，又称“石纹”“石筋”，翡翠中石纹太多、太明显影响翡翠的美观和透明度。若翡翠的种和色都很好，但有裂，翡翠的价值会大打折扣。若是手镯，横向的裂比纵向的裂对手镯价值的影响大。某些翡翠挂件中常用与图案不相符的多余饰纹来掩盖裂隙的存在，某些雕花手镯也有可能是用雕花来掩盖裂纹。选购翡翠时，首先应观察翡翠中是否存在裂隙，再观察是否有与图案不相符的多余饰纹。

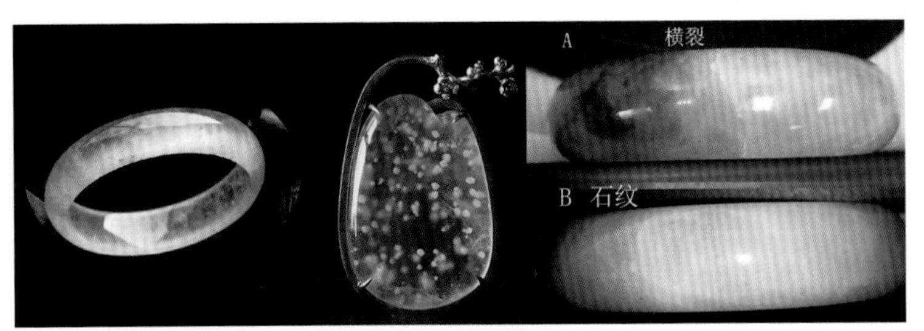

图6-27　翡翠中的棉

图6-28　翡翠中的棉似雪花（大树工作室）

图6-29　翡翠中的裂和石纹

翡翠的设计与雕工也影响翡翠的价值。玉雕师的巧妙构思、精湛技艺会大大提高翡翠的价值。

翡翠重量和块体大小对翡翠的价值有影响，但影响程度不如翡翠的种和色。颜色、透明度、质地相同或相近的情况下，重量或块体大的价值高。手镯需块体大的翡翠，所以同品质的手镯与挂件，手镯的价格高很多。同品质的翡翠戒面，颗粒大且饱满、匀称对称的比较好；同品质的翡翠手镯，圈口越大、条身越宽越厚越贵。

“黄金有价玉无价”，翡翠很难像钻石一样用分级标准来进行品质分级。两个不同品质的手镯，或许价格差不多，不同喜好的人，会有不同的选择，因为有的人喜欢翡翠的色多过种，有的则反之。图6-30中左边的平安扣鲜绿色但透明度不如右边的平安扣好，右边的透明度比左边的好但颜色为深蓝绿，不如右边的抢眼。喜欢色的性格外向的人会选左边的；喜欢种的性格内敛的往往会选左边的。

上述翡翠的品质评价仅限A货翡翠。市场上除A货翡翠外，还有

图6-30　平安扣

图6-31　B货翡翠底子干净，光泽显油感，表面有明显蜘蛛网状酸蚀纹，A货翡翠光泽清亮，底色有黄褐色

B货翡翠和C货翡翠。强酸浸泡、清洗、烘干再用胶充填的翡翠称B货翡翠，人工染色翡翠称C货翡翠。图6-31中B货翡翠底子干净，光泽显油感，表面有明显蜘蛛网状酸蚀纹。一些翡翠通常酸洗后再染色，称B+C货翡翠，图6-32中的染色翡翠是酸洗后染色的，其中的绿、紫、褐色都是染的，颜色浮于表面，没有色根，手镯光泽不清亮，浊感明显。A货翡翠与B货、C货翡翠的准确鉴别并非易事，需专业人士来完成。一般消费者购买时，须向商家索取鉴定证书。在翡翠鉴定证书检验结论处，会写明检验结果，若是A货翡翠，直接写“翡翠”（图6-33），若是B货或C货翡翠，写“翡翠（处理）”，并在备注处写明处理方法（图6-34）。有些不良商家会特意将一些抛光粉留在翡翠表面，这样翡翠看起来比较绿，因抛光粉是绿色的，残留抛光粉的翡翠在鉴定证书备注栏上也会标明（图6-35）。所以一定要留意翡翠鉴定证书上备注一栏。

值得注意的是翡翠鉴定证书只对翡翠是否是A货翡翠作鉴定，不对翡翠价值作评价。不是所有A货翡翠都有高的价值。

图6-32 飘蓝花A货翡翠与染色翡翠

NGTC 珠宝玉石首饰鉴定证书
Identification Certificate Of Gems & Jewelry

NO*****

检验结论：Conclusion	翡翠手镯
总质量：Total Mass	56.9088g
形状：Shape	圆环状
颜色：Color	绿，浅绿
贵金属检测：Precious Metal	——
放大检查：Magnification	纤维交织结构
	——
备注：Remarks	——
	——

检验人：Tester　审核人：Supervisor

检验依据
Normative References
GB/T 18043 GB 11887
GB/T 16552 GB/T 16553

20160927　04130624

This certificate only relates to the sample referred to within.
Photocopy, reproduction and alteration are invalid.

图6-33　A货翡翠鉴定证书

NGTC 珠宝玉石首饰鉴定证书
Identification Certificate Of Gems & Jewelry

NO*****

检验结论：Conclusion	翡翠（处理）手镯
总质量：Total Mass	52.9045g
形状：Shape	圆环状
颜色：Color	绿，浅绿，褐黄
贵金属检测：Precious Metal	——
放大检查：Magnification	纤维交织结构
	结构松散，粒隙间见染料
备注：Remarks	染色、漂白、充填处理

检验人：Tester　审核人：Supervisor

检验依据
Normative References
GB/T 18043 GB 11887
GB/T 16552 GB/T 16553

20160927　04130624

This certificate only relates to the sample referred to within.
Photocopy, reproduction and alteration are invalid.

图6-34　B+C货翡翠证书

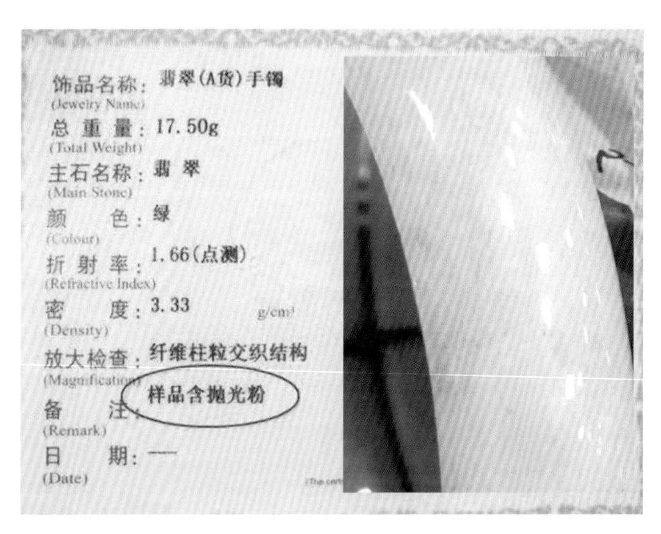

饰品名称：翡翠（A货）手镯
(Jewelry Name)
总 重 量：17.50g
(Total Weight)
主石名称：翡 翠
(Main Stone)
颜 色：绿
(Colour)
折 射 率：1.66（点测）
(Refractive Index)
密 度：3.33 g/cm³
(Density)
放大检查：纤维柱粒交织结构
(Magnification)
备 注：样品含抛光粉
(Remark)
日 期：—
(Date)

图6-35 手镯表面残留抛光粉

翡翠保养小贴士

翡翠不需要特别保养，日常生活中用清水冲洗，然后用干净软布擦干即可。然后置于首饰盒中。翡翠首饰不能和酸、碱以及有机溶剂等接触，否则会腐蚀翡翠表面。做家务时不宜佩戴手镯，手镯与灶台接触碰撞易产生裂纹。

CHAPTER 7

猫眼石

神圣尊贵，阅历与非凡的传达

猫眼石之所以能跻身世界五大宝石（钻石、红宝石、蓝宝石、祖母绿、猫眼石）之列，是缘于其神奇灵动的猫眼效应。在光的照射下，猫眼石从内部反射出一条细细的耀眼的活光，随着光照的角度自由转动开合，栩栩如生，宛如猫眼（图7–1）。猫眼石这种与生俱来的神秘、睿智、尊贵气质需有一定历练的卓越非凡的人才能驾驭。

猫眼石的神奇梦幻感让东西方人认为其有种神秘能量，能与天地、神灵沟通，能预兆吉凶。从古埃及法老到俄国沙皇亚历山大二世；从伊朗王室到清朝慈禧太后，都视猫眼石为魔性宝石，有神奇的旨意。传说慈禧太后拥有一颗20克拉的猫眼石，将它放置在枕头底下睡觉，猫眼神仙就会出现在梦中指示隔日的行事。古埃及也流传着神秘的传说，古埃及法老王根据猫眼石戒指上的猫眼的开合来决定臣子的官位与性命。

从杜十娘百宝箱中的猫儿眼到十三陵定陵出土的镶嵌猫眼石的金带饰品，再到古籍中记载的“猫睛石出细兰国……大如指面，如钱无价”，猫眼石常见载于文字中，可知猫眼石在我国古代就锱铢千金，深受喜爱。

猫眼石的前世今生

我国古代，猫眼石被称作“狮负”“猫睛”“猫儿眼”。其历史可追溯到唐朝初年，有一队使节不远万里从印度洋上的“狮子国”带来了其国王进贡给唐玄宗的一件名为“狮负”的珍宝。这件珍宝就是现在的猫眼石。古代的“狮子国”就是现在盛产宝石的斯里兰卡。玄宗皇帝将这颗“狮负”珍藏于牡丹盒中，每到艳阳高照时就拿出来把玩，并将阳光下呈现眼线最细的那个时辰定位“午时”。以此为准再推算其他时辰。由此可见，猫眼石与中国人的深厚渊源。

猫眼石的矿物名是金绿宝石（图7-2），猫眼石的猫眼效应源自其内部杂质的偶然天成。一些金绿宝石含有一种针状金红石包体，这种包体细如牛毛，当它们散落在金绿宝石中时会影响宝石的透明度和洁净度，但当它们齐心协力认准一个方向有序排列时，可扭转乾坤，产生一道耀眼的光带，金绿宝石华丽转身为万众瞩目的猫眼石。具有猫眼效应的宝石很多，如碧玺、海蓝宝石、虎睛石等，但只有具有猫眼效应的金绿宝石才尊称为猫眼石，因为只有金绿宝石的蜜黄、棕黄、绿黄色才能衬托出猫眼的神秘、高贵、智慧。

图7-1　猫眼石
图7-2　金绿宝石和猫眼石

猫眼石最著名的产地是斯里兰卡，斯里兰卡猫眼石色泽好，眼线细亮且颗粒较大。但由于猫眼石产量较少，在当地猫眼石没有作为一种独立资源开采，而是在开采蓝宝石和尖晶石时的一种副产品，故产量不稳定。巴西也是猫眼石的一个重要产地，颗粒较小，品质尚好。此外，缅甸、印度、非洲也有少量猫眼石产出。

猫眼石因产量稀少价格昂贵，市场不多见，不被多数消费者熟知。但在拍卖会上有它的身影，是收藏家的宠儿。

猫眼石的品鉴

猫眼石有多种颜色，如蜜黄、黄绿、褐绿、黄褐、褐色等。其中以蜜黄色最佳（图7–3），依次为深黄、

图7-3　品质好的猫眼石

图7-4　灰绿色猫眼石

深绿、黄绿、褐绿、黄褐、褐色。颜色越淡价值越低，如灰绿色的猫眼石价值就不如蜜黄色、黄褐色等深颜色猫眼石价值高（图7–4）。猫眼效应越完美，猫眼石的价值越高，猫眼的完美程度取决于猫眼的光带是否居中、平直、细亮、完整、灵动。图7–3就是一颗完美的猫眼。光带与背景对比越明显越好。猫眼石透明度越高光带越不明显，颜色越淡光带也越弱。

猫眼石的价值还与重量有关，但是这个重量只是出现亮带部分的重量，一些商家为了宝石的重量将猫眼石的底磨得很厚，购买这种猫眼石时应考虑猫眼石底的厚度，计算重量时应剔除多余的厚度。

目前在市场上没有发现猫眼石合成品，优化处理猫眼石也很少。但是有一种用玻璃纤维制成的玻璃猫眼，有各种颜色（图7–5），价格十分便宜，用十倍放大镜从垂直眼线的侧面观察可看到蜂窝般结构（图7–6）。

图7-5　玻璃猫眼

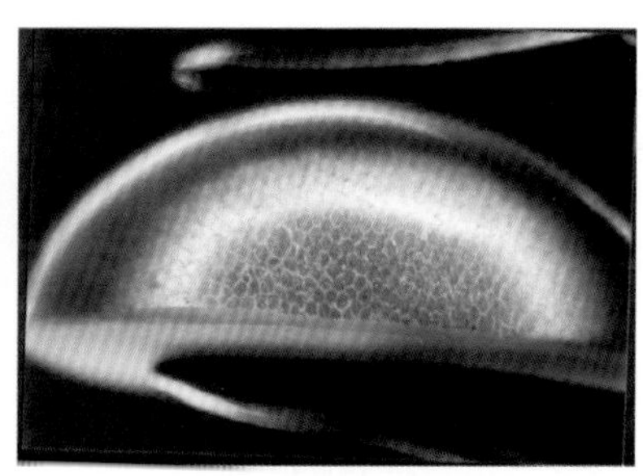

图7-6　玻璃猫眼的六边形蜂窝状结构

很多宝石具有猫眼效应，如碧玺猫眼、海蓝宝石猫眼、碧玉猫眼、祖母绿猫眼等（图7–7），但只有具有猫眼效应的金绿宝石才称猫眼石，其区别也需专业人员鉴定。

猫眼石常用来做戒面，也有镶嵌成吊坠和胸针的大克拉的品质好的猫眼石通常围镶小钻石，用以烘托其尊贵。游离的猫光与钻石的闪烁交相辉映，迷离、神秘、高贵、引人尊崇（图7–8）。小克拉的品质不是特别好的猫眼石可以几颗镶在一起，也可与其他宝石搭配，款式可以多种风格（图7–9）。

猫眼石保养小贴士

猫眼石与红宝石蓝宝石一样，化学性质稳定，硬度也较大，不需特别保养，但要避免与红宝石、蓝宝石、钻石等比它硬的东西摩擦、碰撞。

图7-7　碧玺猫眼、海蓝宝石猫眼、碧玉猫眼、祖母绿猫眼

图7-8　猫眼石戒指

图7-9　猫眼石首饰

CHAPTER 8

欧泊

梦幻斑斓，女人的童话

欧泊（Opal）在光的照射下闪烁着七彩光芒，轻轻转动它，表面色彩随光照的方向和强弱不断变化，赤橙黄绿青蓝紫交相辉映，梦幻斑斓（图8-1），童话般神奇。

在国际宝石界，欧泊与钻石、红宝石、蓝宝石、祖母绿、猫眼石并列为世界六大名贵宝石。也把欧珀作为十月生辰石。

希腊神话中的伟大诗人和音乐家奥菲斯（Orpheus）写道"欧泊让众神满心喜悦"。自古希腊开始，欧泊备受皇室贵族的喜爱。文艺复兴时期，英国的皇室开始关注欧泊，从伊丽莎白一世女王到维多利亚女王再到伊丽莎白二世女王都酷爱欧泊首饰，出席重大活动时常带特别定制的欧泊首饰，也将欧泊作为皇室社交礼物赠送。图8-2是爱德华时期欧泊吊坠。图8-3是1901年Tiffany制作的心型白欧泊胸针，两侧雕有女性雕像，周围点缀翠榴石和钻石。法国皇室贵族对欧泊首饰也是情有独钟，法国国王路易十六曾佩戴过一个欧泊戒指来彰显凡尔赛宫的奢华。他的皇后，玛丽·安托瓦内特也曾拥有过一枚被誉为"森林之火"的著名欧泊戒指。拿破仑曾向其第一任皇后约瑟芬·德·博阿尔内献上过一枚重达700克拉的火欧泊戒指。据说，这是世界上最大，价值最高的欧泊。

现代，名牌珠宝仍将欧泊文化传承推广，图8-4是2015年萧邦推出花朵造型的黑欧泊戒指，图8-5是意大利品牌Faraone Mennella于2015年推出的欧泊项链和耳坠，售价高达240万英镑。由于品牌珠宝的推广，欧泊流传至今，一直被很多人喜爱，从名流到普通消费者不乏收藏者、佩戴者。

图8-1　欧泊

图8-2　爱德华时期欧泊吊坠

图8-3　Tiffany心型白欧泊胸针

图8-4　萧邦花朵造型黑欧泊戒指

图8-5　Faraone Mennella欧泊项链和耳坠（图片自每日珠宝）

欧泊的前世今生

古罗马时代欧洲人就认识欧泊了，公元前一世纪欧洲中部的喀尔巴阡山就有欧泊产出并进入欧洲市场。1840年，德国地质学家约翰尼斯·曼奇在澳大利亚的安加斯顿发现了普通的绿色欧泊。高品质欧泊于1868年在澳大利亚的利斯托维尔车站发现，1871年澳大利亚开始欧泊矿的开采。近现代95%以上的欧泊产自澳大利亚。澳大利亚欧泊形成于距今1亿多年前的白垩纪时期一个古老的内陆海边缘地区的沉积岩中。季节性雨浸润干燥的地表，雨水渗入古老的沉积岩层中，岩层中的二氧化硅溶于水中。干旱季节，大量水分蒸发，二氧化硅在岩缝和沉积岩层间沉积形成欧泊。目前欧泊的全球资源储量还不明朗。墨西哥欧泊主要产出于硅质火山熔岩溶洞中，但产量非常稀少。近年来在非洲埃塞俄比亚的火山岩中发现了较大量的浅色欧泊，但这些欧泊由于含水量较大，水分子易流失而干裂，大部分都不太稳定。

欧泊的品鉴

欧泊的品质与许多因素有关，如，体色、变彩的丰富度及明显程度、表面瑕疵、大小等都会对其价值产生影响。由于体色、变彩、大小的多样性，每一块欧泊都是不同的，因此欧泊的价值评定较为复杂。目前，国际上没有统一的评价标准。另外，欧泊的价格还受个人喜好和市场供求关系的影响。

欧泊的体色是评价欧泊价值的一个重要因素。体色是指整块欧泊的通体色调和颜色，也可说是背景色。根据欧泊的体色可将欧泊分为黑欧泊、白欧泊、火欧泊、晶质欧泊和水欧泊。

黑欧泊的体色为黑色、深灰、深绿、深褐，以黑色最好，黑色体色可使变彩更鲜艳更明显。图8-6为澳大利亚黑欧泊胸针，欧泊重48.8克拉，变彩斑斓丰富，铂金钻石镶嵌，估价20万～30万美元。黑欧泊绝大多数产于澳大利亚的新南威尔士州闪电山矿区，产量少。黑欧泊是欧泊家族中最名贵的品种，但不是所有的黑欧泊价值都很高。变彩丰富强烈、图案变幻无穷，且有红色和其他七彩相伴者价值极高，也十分珍希，是收藏级欧泊。有红、橙、黄色变彩的黑欧泊价格高于只有绿、蓝和紫色变彩的黑欧泊。图8-7的变彩有蓝、紫、绿、橙比图8-8的要好。

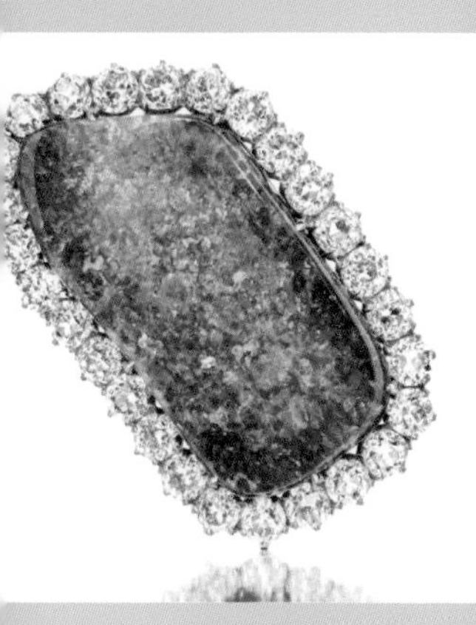

图8-6　黑欧泊胸针

图8-7　有蓝、紫、绿、橙变彩的黑欧泊

图8-8　有蓝、紫、绿变彩的黑欧泊

白欧泊是指体色较浅的欧泊，常为白色或浅灰色。白欧泊主要产于澳大利亚的南澳洲地区，其产量比黑欧泊大，但价值没有黑欧泊高。变彩好的白欧泊常镶嵌成首饰（如图8–9），变彩不明显的白欧泊价值很低，常用来做雕刻品（图8–10）。

火欧泊的体色呈橙色、橙红色、红色，半透明至透明，没有变彩或少量变彩，主要产自墨西哥。没有变彩且透明度好的火欧泊常切割成刻面型，体色深红、透明度好的火欧泊价值更高（图8–11）。具有变彩的火欧泊稀少，是难得的珍品（图8–12），常切割成弧面型或保持原石的基本形态。颗粒大的（一般10克拉以

图8-9　变彩好的白欧泊
图8-10　变彩不好的白欧泊
图8-11　没有变彩的火欧泊

上），颜色、透明度都很好的刻面火欧泊或体色鲜艳的变彩明显的火欧泊都具收藏价值。

晶质欧泊，指具有变彩效应的无色透明或半透明的欧泊（图8-13）。市场上又称水晶欧泊。晶质欧泊的变彩似从欧泊深层散发出来，有深不见底的感觉。

水欧泊，主要产于非洲埃塞俄比亚，含较多的水，虽透明度好，但有朦胧之感，不明亮。变彩好像是浮在宝石表面（图8-14），像是肥皂泡表面折射的光芒。性质不稳定，易脱水失去变彩，变得干裂。水欧泊的价值比晶质欧泊的低很多。

图8-12　有变彩的火欧泊
图8-13　晶质欧泊
图8-14　水欧泊

变彩是欧泊引人注目的显著特征，因此欧泊的变彩也是评价欧泊品质的一个重要因素。在体色和块体大小相近的情况下，欧泊变彩的颜色越多、色彩越浓烈明亮、色块图案越美妙、欧泊价值越高。能呈现七色光谱色变彩的欧泊稀少珍贵，一些欧泊变彩通常只有一个主色配两个或多个其他颜色，变彩的主色调是红色或橙色的最佳，其次是绿色，再其次是蓝色紫色。多数欧泊爱好者喜欢色块大的变彩，不喜欢小的色点变彩。选购欧泊时，从多个角度观察欧泊，变彩遍布整块欧泊比仅局部有变彩好，也就是无论从哪个角度都可以观察到鲜艳灵活多变的变彩为好。

与其他宝石一样，欧泊也会有瑕疵。一些欧泊的表面会有细小的裂纹（如图8–15、图8–16）或杂质，裂纹不仅影响变彩的呈现，也影响欧泊的耐久性，杂质影响欧泊的美观。因此裂纹和杂质多的欧泊价值低。选购欧泊首饰时应仔细观察欧泊的表面，也可用携带方便的10倍放大镜观察。有裂纹或沙眼、杂质等的欧泊不值得收藏。

欧泊的克拉重量、厚度、块体大小及形状都会影响欧泊的价格。影响欧泊价值的因素众多，因此应从多个方面综合评价。

欧泊因迷离的变彩和悠久的历史被人们喜爱，高品质欧泊又十分珍稀且价格不菲，所以市场上充斥着各种欧泊赝品，如合成欧泊、玻璃欧泊、塑料欧泊、拼合欧泊、染色黑欧泊、注塑欧泊等。

人工合成欧泊在外观上与天然欧泊十分相似，可具很好的变彩，这种欧泊不易与天然欧泊区别，需要专业人士的鉴定。

玻璃欧泊又称“斯洛卡姆石”，它是把一些彩色片状物夹在玻璃中，似孩童玩的万花筒。它的最大特点是每片彩片的边界是固定不变的，边缘齐整且每片彩片的颜色也是不变的（图8–17）。目前这种赝品在市场上少见。

塑料欧泊比天然欧泊密度小，手掂有轻感。

拼合欧泊是将片状天然欧泊与其他材料如玻璃、塑料等黏合在一起做成欧泊戒面。从侧面可看到光泽颜色不同的材料（图8–18）。因此选购欧泊时，多观察欧泊的侧面和底面，对比宝石上部和下部、表面和底面材质的色泽，如果差异太大，可能是拼合宝石。

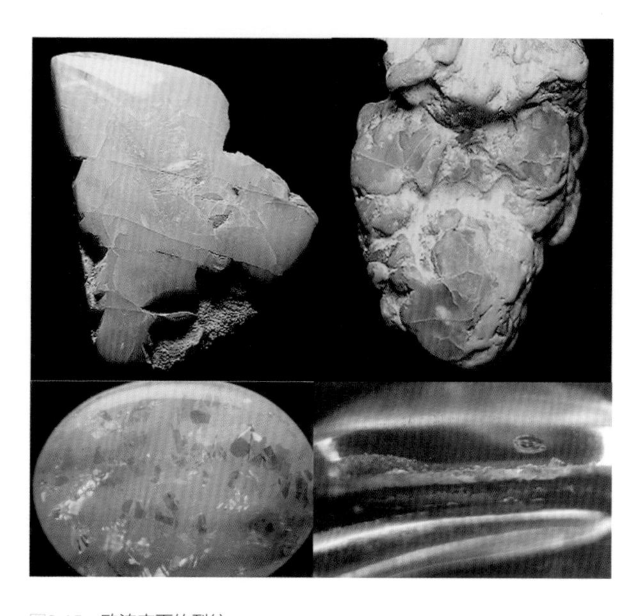

图8-15　欧泊表面的裂纹

图8-16　欧泊上的裂纹

图8-17　玻璃欧泊

图8-18　拼合欧泊

染色黑欧泊（图8–19）主要用来仿天然黑欧泊，放大观察欧泊中有黑色点状物聚集在彩片之间和裂纹中（图8–20）。

一般消费者很难将合成欧泊、拼合欧泊、染色欧泊、玻璃欧泊、塑料欧泊与天然欧泊区分开来。购买时最好要求珠宝商出具权威性的宝石鉴定证书。需强调的是，目前宝石鉴定证书只有真假的鉴定，没有品质的鉴定。只有具备一些必要的知识及多了解市场、积累一定经验才能对欧泊品质做出很好的评价。

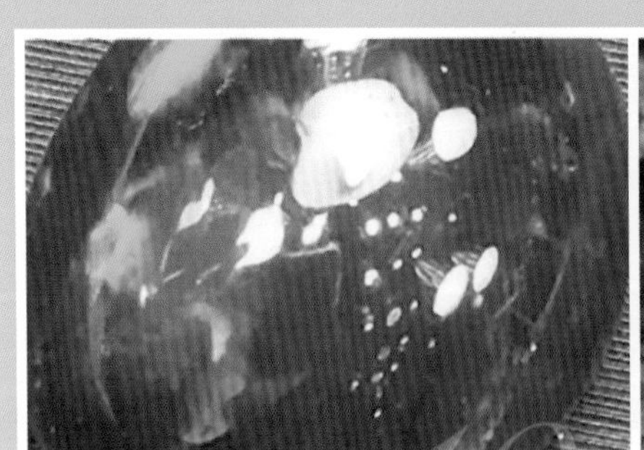

19

20

欧泊保养小贴士

欧泊是含水的宝石，如果将欧泊长时间置于干燥的地方或暴露在阳光、强光直射的环境中会失去水分，产生龟裂，即欧泊表面出现蜘蛛网状的微裂纹。另外欧泊的硬度较低，佩戴时尽量避免与硬物碰撞，保存时，尽量不要与其他珠宝一起放置。不戴时可将欧泊首饰用摄氏40度左右的清水浸泡30分钟，然后取出用软布擦去多余的水分，再用干净的软布包好放在密封的小塑料袋中，最后把塑料袋放在首饰盒中。

图8-19　染色欧泊
图8-20　染色黑欧泊的黑色点状物聚集在彩片之间和裂纹中

CHAPTER 9

软玉（和田玉）

温润柔韧，中国传统女人的真实写照

软玉，又称和田玉，因古代软玉主要来源于新疆和田县而得名。和田玉体如凝脂、温润柔滑，缜密细腻坚韧（图9–1），内敛不张扬，淡然宁静致远，与中国传统女性柔顺隐忍、韧性坚强、淡泊怡然的神韵与美德相融相合。

长期佩戴或把玩和田玉，和田玉的精光内蕴，会让人修身明性、心境坦然、内心笃定、不骄不躁、超然度外。

和田玉的前世今生

软玉是我国最早开发和利用的玉石，已有7000多年历史。

五六千年前的红山文化和良渚文化时代，人们用软玉制作生产工具，如玉凿、玉斧等，而且用于装饰和礼器。原始先民认为玉器具有通神的功能，将玉神化，作为巫师祭祀的礼器，礼器有玉琮、

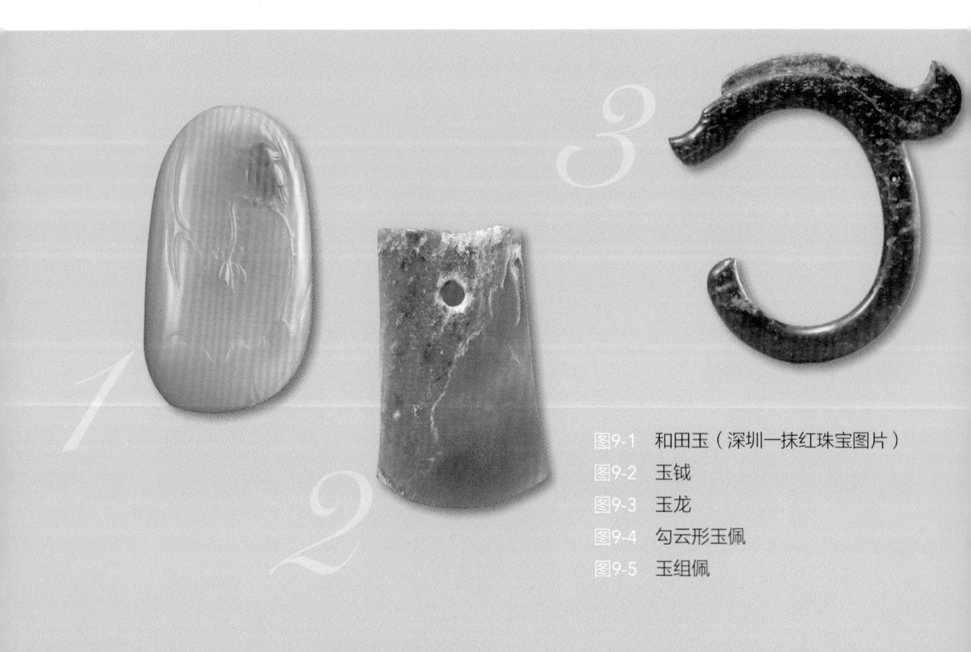

图9-1 和田玉（深圳一抹红珠宝图片）
图9-2 玉钺
图9-3 玉龙
图9-4 勾云形玉佩
图9-5 玉组佩

玉钺（图9-2）等，玉钺有一小孔，古代世俗权利的象征。装饰用的有玉龙（图9-3）、玉鸟、勾云形玉佩（图9-4）等。玉器造型简素、质拙、厚重。玉龙是红山文化的典型代表，鼻头上翘，眼睛微凸，颈背上似鬣毛，有飞腾的动态。

西周后，随着优质和田玉的增多，和田玉逐步成为道德、习俗、神灵、财富的象征。统治阶级为了维护社会安定，巩固其国家权力而崇尚玉器，从社会理念上提倡“君子比德如玉”“君子无故玉不去身”等观念，使玉大大普及于上层社会人士。玉器多为玉组佩（图9-5）、玉璧、玉玦、玉璜等。玉佩开始由单件玉佩向玉组佩发展。由若干件玉璜和很多不同色质的管珠串缀而成，佩戴时由胸前垂至腿足，给人富丽堂皇之感。身份越高贵，玉组佩用的璜数越多，玉组佩也越长，走路也就越慢，可端正行走时的仪态。因此玉组佩既是奢华的装饰品，又是佩戴者身份的象征，还可规范佩戴者的端行举止。

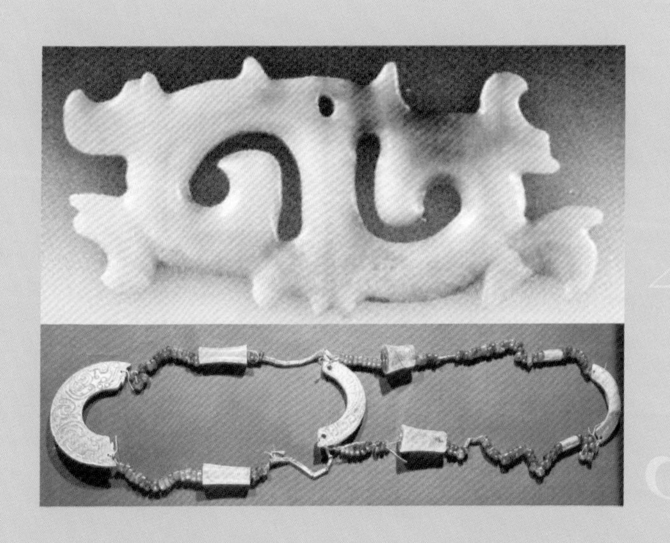

4

5

汉代张骞出使西域后即命部下追溯和田玉之源，采玉送回朝廷给皇帝制作印玺，酷爱和田玉的汉武帝把这种宝物纳入朝廷管理，在“玉帛之路”新疆与甘肃交界的要道上，设立关口，称之“玉门关”，派都尉严加把守查验。两汉时期，社会稳定，国力强盛，玉器继承了战国时期玉器的传统，又有所变化和发展，并奠定了中国玉文化的基本格局。汉代玉器分为：礼玉、葬玉、饰玉、陈设玉四类。玉礼器较之前减少，玉璧、玉圭仍作为礼器使用，玉琮就不再制造和使用了。玉璧少了些宗教的严肃，多了些装饰作用，玉璧上出现镂雕铭文“宜子孙”“长寿”等，寄托人们对美好生活的祈愿和向往（图9–6）。汉代人认为玉器能使尸骨不朽，所以玉器多用于丧葬，故有金缕玉衣。作为装饰用的玉饰大大增加，玉佩的饰纹和形状也有较大变化。装饰、陈设玉有玉雁、玉鹰、玉辟邪（也称貔貅）与舞女佩（图9–7）等。汉代玉器在设计制作上比前代更为精巧，打破了对称的格局，追求自然流畅、变化多端的效果。镂空雕刻玲珑剔透，工艺

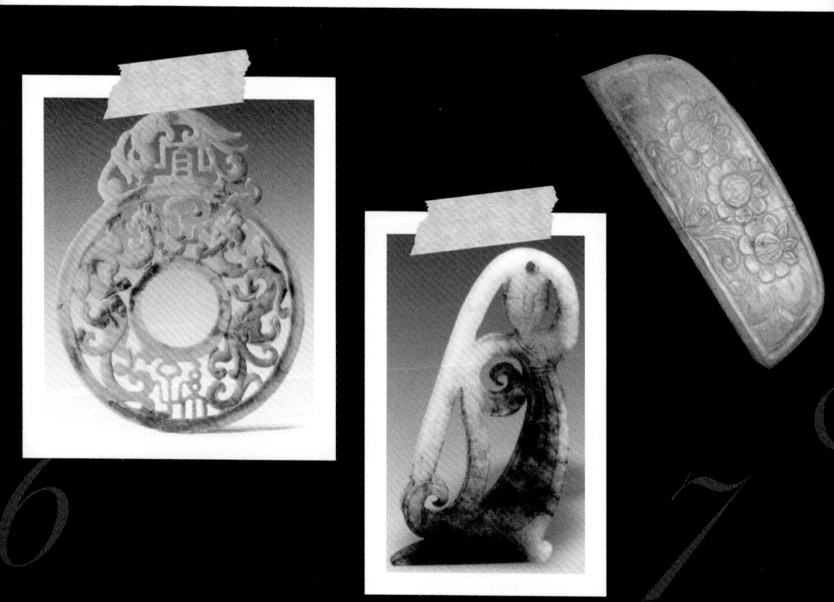

精致，显示出很高的水平。汉代玉器在中华玉石文化的发展史上占有重要地位。

在唐宋时期，作为礼器用的玉器几乎消失，作为佩饰用的主要有玉簪、玉梳背（图9–8）、玉镯、玉带板等，也有实用的玉杯等器具。

明代玉器分宫廷礼仪用玉、玉器皿（图9–9）、玉雕摆件、玉饰佩和实用玉器等，图9–9是一个明代白玉葵花杯，雕工精细，是明初精美玉器的代表。清代玉器的成就主要在乾隆朝，此时新疆平定，优质和田玉输入，为制作高档玉器提供了原料。清乾隆玉器品种齐全，创造了许多前朝未有的玉器，如薄胎玉器和各种题材的大型玉山。玉如意在清宫中很重要，宫廷大典、节日贺礼、订婚信物、赏赐物都使用玉如意（图9–10）。玉如意有一部分是皇帝参与设计的玩赏品，如意馆宫廷画家画出样稿，由皇帝过目批准后，再由造办处、如意馆精心雕琢制成。

现今，和田玉主要用来做首饰和把玩件，首饰有玉镯、手串、挂饰等，也有用贵金属镶嵌设计制作成时尚、个性首饰（图9–11）。

和田玉的品鉴

软玉的颜色有白色、绿色、黄色三类。人们常根据软玉的颜色对其进行分类和评估。

白玉：颜色呈白色，略泛灰、黄、青等杂色，色泽柔和均匀（图9–12）。新疆产的羊脂白玉是软玉中的上品，颜色优白，色泽柔和均匀，质地细腻坚韧，状如凝脂，温润莹洁。人们喜爱白玉主要是喜欢它的“纯”和“润”。

青玉：青至深青色、灰青色、青黄色等，颜色柔和均匀（图9–13、图9–14）。青玉产量最大，常有大块料出现。商业价值比白玉低。

青白玉：白色中带灰绿色色调，介于白玉与青玉之间（图9–15）。产量较大，商业价值一般。

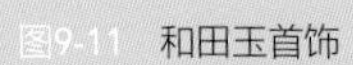

图9-11　和田玉首饰

图9-12　白玉香插（刘海作品）

图9-13　青玉手镯

图9-14　青玉雕刻件

图9-15　青白玉

碧玉：深绿色（菠菜绿）、灰绿色、暗绿色、墨绿色等，以深绿色为好（图9–16）。碧玉中常含有黑色点状物。

墨玉：灰色至灰黑色、黑色，颜色不均匀，光泽较暗淡（图9–17）。

青花玉：基底色为白色、青白色、青色，夹杂黑色，黑色多呈点状、叶片状、条带状、云朵状聚集等（图9–18）。

黄玉：颜色浅黄至深黄，可微泛绿色，颜色柔和均匀。黄

图9-16　碧玉（一抹红珠宝）　图9-17　墨玉（一抹红珠宝）　图9-18　青花玉

玉极其少见，商业价值与羊脂玉相当（图9-19）。

糖白玉：色似红糖，有紫红、褐红等（图9-20），糖玉与白玉或青白玉呈过渡关系（图9-21）。如果糖色占到整件和田玉80%以上时，直接称糖玉，如果占到整件样品的30%~80%时，可称为糖白玉、糖青玉等。技艺高超的玉雕师常将糖玉雕琢成俏色工艺品，令其价值倍增。但糖玉总体商业价值在白玉、青白玉之下。

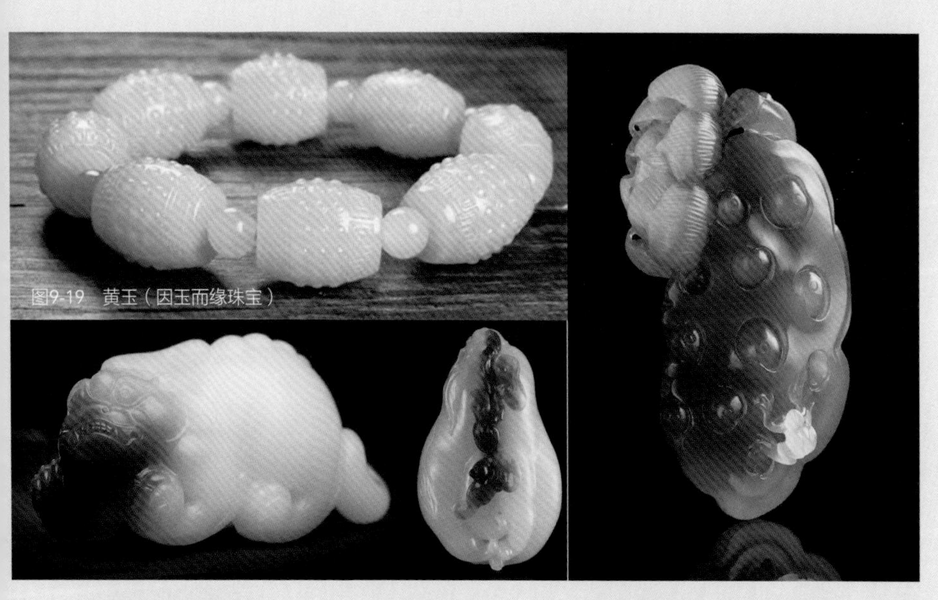

图9-19 黄玉（因玉而缘珠宝）

图9-20 糖白玉（一抹红珠宝）

图9-21 糖玉

软玉的品质评价没有统一的国家标准和行业标准，更多的是根据市场需求有一套俗成的约定。影响软玉品质的因素有颜色、质地、洁净度、重量、裂纹、工艺、设计题材等。

颜色是评价软玉的一个重要因素，一般来说以羊脂玉、白玉、黄玉为佳，碧玉、墨玉次之，青玉价值低。品质好的玉石颜色分布均匀，色调纯正。评价白玉主要是从质地，包括润泽、杂质、裂纹等几个方面，图9-22为两串不同品质和田白玉籽料手链，价格相差很大。细腻油润是白玉品质评价的主要标准。而碧玉则是绿色饱和度高、颜色纯正、分布均匀，就价值高。如果软玉有多种颜色如白色、糖色、翠色，且颜色搭配巧妙、新颖独特，则其价值倍增（图9-23）。

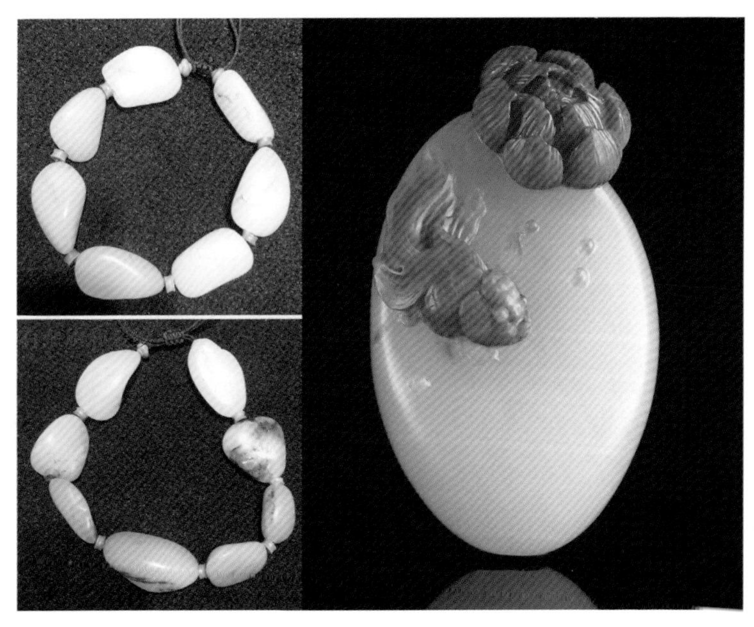

图9-22 不同品质和田白玉籽料　　图9-23 俏雕（一抹红珠宝）

软玉的质地致密、细腻、均一，油润无暇为佳品。瑕疵包括绺裂、石花、黑点等。瑕疵越少玉越干净，品质越好。同样质地、颜色、洁净度的和田玉，重量越大价值越高。

玉不琢不成器，好的工艺设计对玉石而言至关重要，三分料七分工，是对和田玉成品价值比较恰当的评价。加工工艺的好坏直接影响到和田玉成品的价值。题材设计主要考察主题是否新颖突出，层次是否分明，造型是否独特美观，材料颜色是否取舍得当，图案花纹是否清晰、生动，线条是否流畅自如。

软玉的产地除新疆外，还有青海、辽宁岫岩、俄罗斯、韩国、加拿大等。每个产地出产的和田玉品质有较大差异，有好有差。新疆出产的和田玉不一定都是高品质，青海、俄罗斯产的软玉也有品质好的，因此即使是同一产地的软玉价格也有高有低。但是在玉石原料市场上，在质地、颜色、重量相近的情况下，不同产地的软玉，其价格有明显差别，新疆料贵过俄罗斯料，俄罗斯料贵过青海料，青海料贵过韩国料。

图9-24 质地透明、细腻的石英岩玉

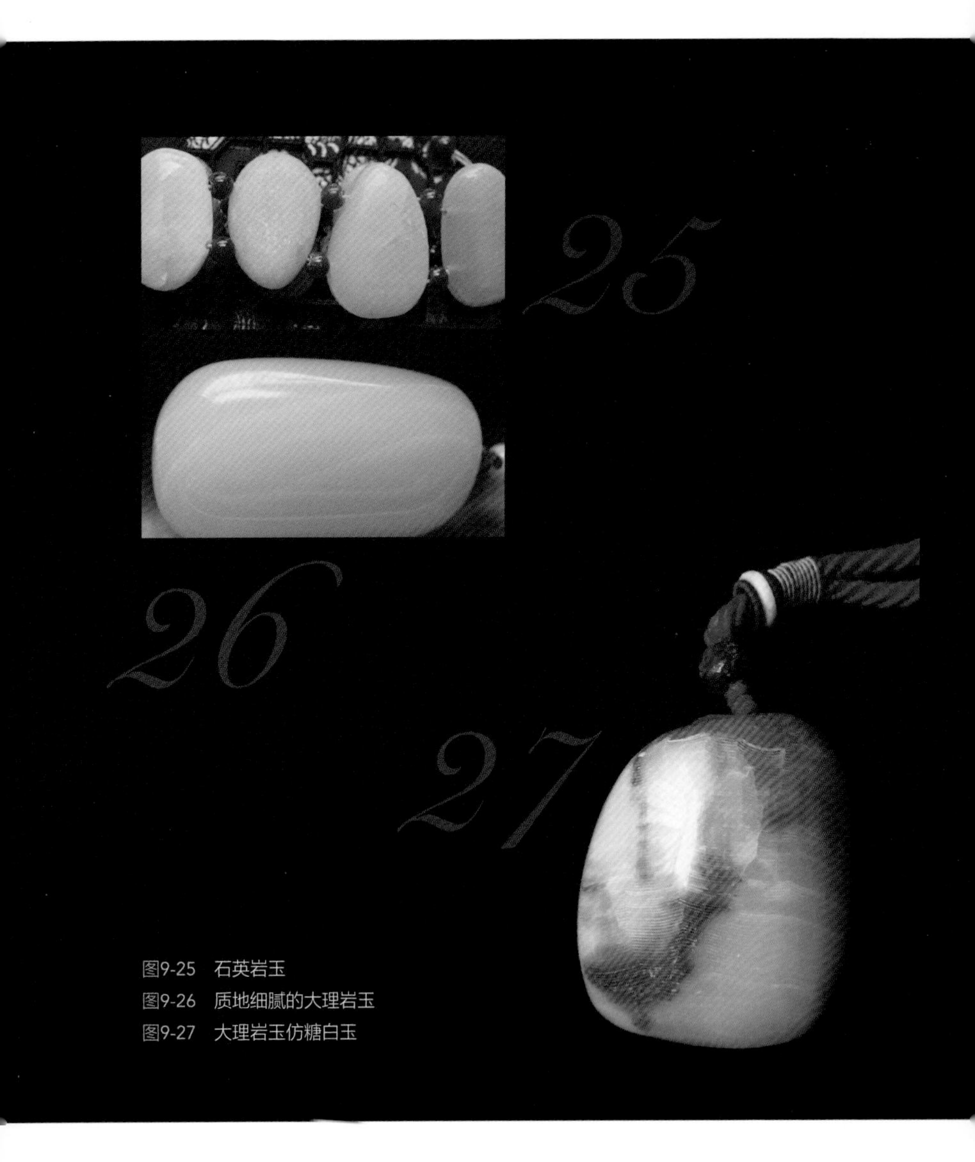

图9-25　石英岩玉
图9-26　质地细腻的大理岩玉
图9-27　大理岩玉仿糖白玉

市场上常见和田玉仿制品有石英岩玉（图9-24、图9-25）和大理岩玉（图9-26、图9-27），质地细腻且透明度不高的石英岩玉和大理岩玉外观很像和田玉，非专业人士很难辨别，石英岩玉的光泽油性没有和田玉好，大理岩玉有条带状构造，图9-26是质地细腻的大理岩玉，外观似白玉，区别是大理岩玉有条纹；图9-27是大理岩玉仿糖白玉，条纹十分明显。

和田玉保养小贴士

和田玉应避免与硬物碰撞，避免与油污和腐蚀性物质接触，最好不要贴皮肤佩戴，因皮肤分泌的汗液和油脂会进入玉中，应远离化妆品、洗涤剂等。也不能在高温环境中存放，以免玉因高温膨胀产生裂隙。常佩戴的和田玉应定期用清水清洗，不要用清洗剂清洗，清洗后用干净的不掉毛的软布擦拭。

CHAPTER 10

碧玺

绚丽缤纷，落入人间的彩虹

碧玺是自然界颜色最丰富的宝石，色彩纷呈，风情万种，被喻为“落入人间的彩虹”。传说，18世纪在荷兰阿姆斯丹，几个小孩玩荷兰航海者带回的石头，发现这些石头在阳光的照射下有奇异的现象，这些石头能吸引或排斥细屑状物质如：灰尘、草屑等，因此当时荷兰人把它称作“吸灰石”。现代物理学把这种现象叫“热电效应”。因其颜色丰富艳丽和这种奇特的现象，人们相信碧玺拥有自然界神奇的力量，能给人带来好运、平安、幸福，能保佑身体健康。碧玺的读音与“辟邪”近似，也有人把碧玺当作护身符。在清朝，碧玺深受达官贵人的青睐，被用来做朝珠或镶嵌在男士的帽子和衣服上以彰显身份和地位。在清宫后妃首饰中也有碧玺发簪、手串、手把件等（图10–1、图10–2）。在慈禧太后专政期间，碧玺得到了空前的重视，多次派大臣前往美国采购碧玺。她的殉葬品中有很多碧玺，如，人们津津乐道的“脚蹬碧玺莲花”，碧玺莲花重36.8钱（约184克），当时的价值约为75万两白银。

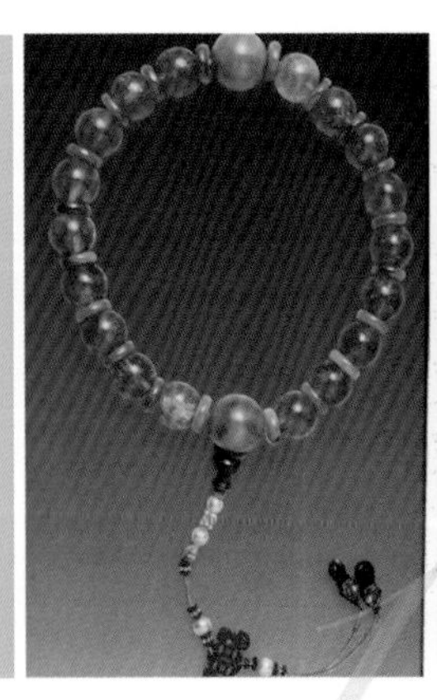

碧玺的前世今生

碧玺的矿物学名是电气石（图10-3）。17世纪，荷兰东印度公司将斯里兰卡的碧玺与锆石一起带到欧洲，当时斯里兰卡人和欧洲人并未真正认识这种宝石，称它为Turmali，意为混合宝石。后来发现这宝石有奇特的现象，暴露在阳光下能吸附碎屑。后来瑞典科学家林内斯发现这种宝石与15世纪巴西开采的黑色电气石有关系。不久，法国科学家迪利索最后证实了这种宝石与黑色电气石的性质相同，命名为“Tourmaline”（电气石）。

碧玺的主要产地有巴西、斯里兰卡、美国、俄罗斯、缅甸、肯尼亚等。其中巴西所产的彩色碧玺占世界总产量的50%～70%，蓝色帕拉伊巴（Paraiba）碧玺非常罕见著名。美国产优质的粉红色碧玺，俄罗斯乌拉尔产优质红碧玺。我国碧玺的产地主要有新疆阿尔泰、云南哀牢山和内蒙古。新疆是我国碧玺的重要产地，色泽鲜艳、晶体较大、质量较好。内蒙古也产各种颜色的碧玺，绿色碧玺质量优良。云南碧玺大多以单晶体产出，外形较完整，透明至半透明。

图10-1　清代碧玺手串
图10-2　清代碧玺手把件
图10-3　电气石原石

据传，碧玺最早出现在我国是唐朝，公元644年，唐太宗西征时得到碧玺，并将之刻成玉玺印章。明朝永乐年间，斯里兰卡国王向明成祖朱棣献的宝物中就有碧玺。清朝，由于慈禧太后的喜爱与推崇，碧玺更是深受追捧。

近几年来，随着我国珠宝首饰市场的快速发展，彩色宝石兴起，碧玺以缤纷的色彩，低于红蓝宝石的价格率先引领我国彩色宝石市场，有人追求那雍容的红（图10-4），有人迷上了那静谧的蓝（图10-5），有人沉醉于那青翠的绿，有人执迷于那尊贵的黄，有人迷惑于那多种颜色的组合（图10-6）。品质好、大克拉的碧玺常用碎钻围镶成奢华经典的戒指，如图10-5中，主石是蓝色碧玺，围镶宝石由蓝宝石过渡到钻石，有层次感；品质中等的可多颗一起镶嵌成项链（图10-7）；品质一般的可用来做手链、手串（图10-8）。

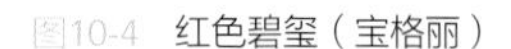

图10-4　红色碧玺（宝格丽）
图10-5　蓝色碧玺（蒂芙尼）
图10-6　三色碧玺（鑫亨达珠宝）
图10-7　碧玺项链
图10-8　碧玺手链

碧玺的品鉴

颜色是碧玺最重要的评价因素。碧玺由于成分复杂颜色繁多，红、黄、绿、蓝、紫、褐、黑及不同色调、深浅都有。有的同一晶体内外或不同部位上可有两种或三种颜色（图10-6）。红色系列有红、桃红、紫红、粉红等；蓝色系列有蓝、蓝绿、紫蓝等；绿色系列有蓝绿、绿、黄绿等；黄色系列有柠檬黄、橙黄、棕黄等，以柠檬黄为最好。

巴西帕拉伊巴（Paraiba）的蓝色碧玺最为名贵，堪称“碧玺之王”，因含铜离子呈水嫩的蓝色或蓝绿色（图10-9）。由于挖掘不易，产量稀少，优质的帕拉伊巴碧玺弥足珍贵，每克拉单价在2万美元左右，图10-9就是一颗品质很好的帕拉伊巴碧玺。品质极优的帕拉伊巴碧玺多见于专业市场或拍卖市场，是收藏家的宠儿。在珠宝

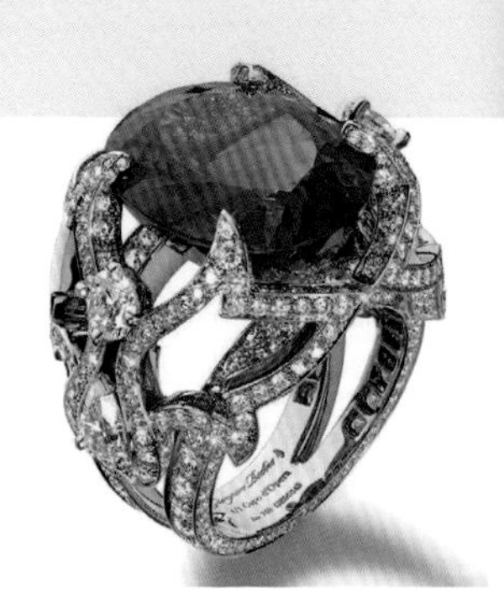

零售市场销售帕拉伊巴碧玺，即便一些碧玺洁净度不是很好（图10-10），但仍价格不菲。红色、绿色在珠宝首饰市场较常见，颜色好的红色碧玺颜色娇艳，酷似红宝石，深受欢迎。图10-11是意大利设计师GiampieroBodino作品。玫瑰红和紫红色的价格昂贵，高于绿色、黄色、粉色碧玺，但是远低于品质相当的红宝石。绿色碧玺外观与祖母绿相似（图10-12），深受绿色宝石追随者喜爱。以祖母绿色为最好，黄绿色（图10-13）次之，绿色碧玺的克拉单价通常是同品质红色碧玺的二分之一或三分之一。一些绿色控，觉得祖母绿高不可攀时，绿色碧玺也是不错的选择。黄色碧玺主要产于东非南部，产量稀少，市场不多见，以柠檬黄的为好。双色和多色碧玺因特殊的颜色组合也很受欢迎，外绿里红的碧玺又称西瓜碧玺，以颜色鲜艳，两种或多种颜色对比明显为佳。

图10-9 帕拉伊巴碧玺（肖邦Chopard）
图10-10 商业级帕拉伊巴碧玺
图10-11 红色碧玺（意大利设计师GiampieroBodino作品）
图10-12 绿色碧玺
图10-13 黄绿色碧玺

碧玺的品质除于颜色有关外，还与净度、切工、大小有关。内部包体少、洁净无瑕的稀有，价值高。多数碧玺有微裂纹和气液包体，商业碧玺首饰完全无瑕者不多见，杂质和微裂纹较多的碧玺常用来做手串和雕刻品等。碧玺可加工成各种形状，透明度好的杂质少的一般加工成祖母绿型（图10–14）或椭圆刻面型，透明度差的裂纹杂质多的加工成圆珠型或弧面型（图10–15）。切工好的，比例对称，抛光好。与其他宝石一样，碧玺宝石重量越大价值越高。

碧玺脆性不好，一些低品质的碧玺在琢磨前就注胶，以提高碧玺的韧性，增加原石的出成率。市场上一些碧玺珠手串是经过注胶处理的。这种胶对身体是无害的，使用寿命也长，如果是佩戴用，价格合理的话可放心购买。高品质碧玺内部干净无需注胶，胶也没法注入。如果收藏碧玺，建议收藏高品质的没有注胶的碧玺。碧玺是否注胶需要专业人员借助专业仪器设备才能检测出。碧玺是否注胶在鉴定证书的备注里有标识，图10–16是注胶碧玺手链的鉴定证书。

碧玺的相似宝石很多，红色碧玺外观与红宝石、红色尖晶石、红色玻璃相似；绿色碧玺与祖母绿、透辉石、绿色蓝宝石等相似；蓝色

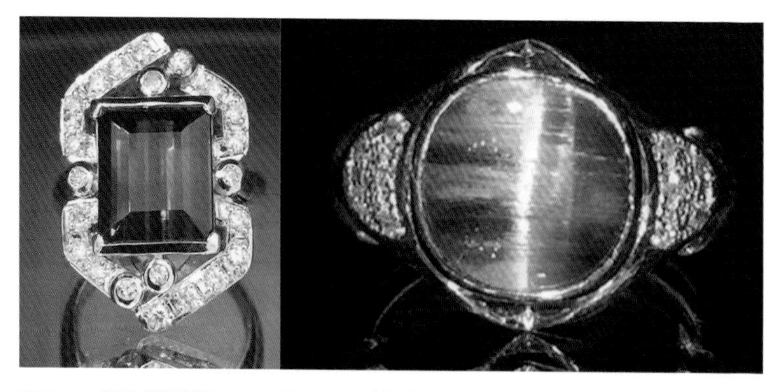

图10-14　祖母绿型碧玺　　图10-15　碧玺猫眼

鉴定结果
Identification Result
碧玺

GJ00417570
检测标准：GB/T16552-2010；GB/T16553-2010；GB/T16554-2010；GB11887-2008
本证书仅对送检样品负责，翻印、复印、涂改无效。
12-04-18

证书编号：(NO.) GJ00417570
饰品名称：(Jewelry Name) 碧玺项链
总质量：(Total Mass) 56.04g
折射率：(Refractive Index) 1.63（点测）
密度(g/cm^3)：(Density) 因饰未测
放大检查：(Magnification) 见气液包体
贵金属标识：(Precious Metal Mark) ***
备注：(Remarks) 可见充填物
审核人：(Checker)
批准人：(Supervisor)

图10-16　注胶碧玺证书

碧玺与海蓝宝石、蓝色黄玉、蓝色尖晶石等相似。红宝石、蓝宝石、祖母绿是高档宝石，尖晶石、碧玺、透辉石是中高档宝石，因此市场上不会有用红宝石、蓝宝石、祖母绿、尖晶石、透辉石等仿碧玺。

单凭肉眼区分相似宝石需要多年的经验。

一般消费者购买时还是要靠宝石检测专业机构出具的鉴定证书。

碧玺保养小贴士

与祖母绿一样，碧玺的脆性高，戒指、吊坠、手链等在佩戴的时候应避免与硬物碰撞，否则碧玺易产生裂缝。碧玺首饰戴久了，会沾上油污、汗渍等，但不能用超声波震荡机清洗，以免碧玺破裂或产生裂隙，可用清水浸泡，然后用软的洗水布擦拭。

CHAPTER 11

珊瑚

娇艳流丹，女人自信娇美的最好表达

珊瑚，色泽浓烈娇娆，艳而不俗（图11-1），是女人柔美、自信的表达。

珊瑚有“海底钻石”的美誉，自古以来就被人们视为珍宝，人们说它是“含九泉之滋液，冠百宝之神灵”，有“龙宫瑞宝”之称。珊瑚一直是吉祥幸福的象征。古罗马人认为红珊瑚具有防止灾祸、给人智慧的功能，常把珊瑚枝节挂在小孩脖子上，祈求平安。罗马人称珊瑚为“红色黄金”。印第安人认为“贵重珊瑚是大地之母”。古代的高卢将士用红珊瑚装饰自己的盔甲、战袍和武器，祈求好运相随，战神庇护。相传十字军东征时，珊瑚是长辈赐给儿子或妻子送给丈夫的护身宝。日本视红珊瑚为国粹。在我国红珊瑚历来都是宫廷宝物。在清朝，皇帝在行朝日礼仪中须戴红珊瑚朝珠（图11-2），文武二品大臣朝冠上用红珊瑚帽顶。

在东方，珊瑚与佛教密切相关，视珊瑚为“如来佛的化身”，是“佛家七宝”之一。地位至尊的喇嘛、僧侣把珊瑚串在佛珠中，镶嵌在法器上（图11-3）。在藏族、蒙古族文化中，红珊瑚象征太阳的光辉，是神赐给人类的宝物，在黑暗和迷茫中，可以为人们指引正确方向，给人带来无穷的正义力量。他们对红珊瑚的喜爱不单是出于装饰，更重要的是一种文化传承和精神信仰，图11-4是蒙古族新娘珊瑚头饰。

图11-1 珊瑚（台湾设计师王月要作品）
图11-2 清代红珊瑚朝珠
图11-3 珊瑚法器
图11-4 蒙古族新娘珊瑚头饰

1

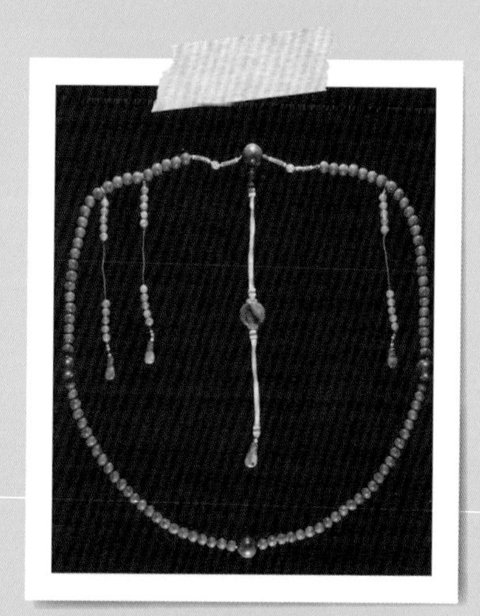

2

3

4

珊瑚的前世今生

珊瑚的前世是圆筒状腔肠动物。幼虫阶段可以自由游动，成虫期便固定在岩石或先辈珊瑚的石灰质遗骨上。珊瑚虫靠管口上段的触手捕捉微生物送入口中，内腔将食物消化掉，同时分泌出一种石灰质来建造自己的躯壳。珊瑚虫靠自己的无性生殖——分裂增生的方法迅速繁殖，为了追逐食物和阳光，珊瑚虫就像树木抽枝拔芽一样向高处、两旁生长，形成树枝状的珊瑚礁。珊瑚幼虫是白色的，长大后吸收了海水里的铁质，由外皮向内逐渐变红，呈现粉红色、红色外表。珊瑚虫老化死后就成为今日用来做装饰品的珊瑚了（图11–5）。

图11-5　红色珊瑚

红珊瑚主要分布在三个海区，太平洋、地中海、夏威夷西北部中途岛附近。

太平洋海区红珊瑚主要产于我国台湾海域和日本南部海域，该产地珊瑚主要有深红色和桃红色，市场上把深红色的叫阿卡珊瑚。地中海珊瑚产于意大利、阿尔及利亚、突尼斯、西班牙、法国等，是世界上红珊瑚的主要产区，珠宝市场上称地中海珊瑚为沙丁珊瑚。夏威夷西北部中途岛附近海区产红色、粉红色珊瑚。

珊瑚的品鉴

宝石级红珊瑚多为红色、橙红色、粉红色。市场上根据珊瑚的颜色和产地，将珊瑚分为阿卡珊瑚、沙丁珊瑚、么么珊瑚三个品种。

阿卡（AKA）珊瑚又名赤珊瑚，AKA是日本语“赤”的读音。正红色，俗称“牛血红”珊瑚（图11-6），是珊瑚爱好者津津乐道的品种。色泽红润，质地细腻，微透明，有玻璃光泽。其特点是有白芯。阿卡珊瑚圆珠超过10毫米的就很稀少了，超过20毫米就具收藏价值了。阿卡珊瑚价值最高，常用作戒面或吊坠等。

沙丁珊瑚主要产自欧洲地中海沙丁岛（又名撒丁岛）附近海域，因大部分由意大利人加工经营，又叫“意大利珊瑚”（图11-7）。颜色有橘色、橘红、大红、正红等，鲜艳的大红色沙丁珊瑚，又称“辣椒红”珊瑚。其特点是没有白芯，因致密度不如阿卡珊瑚，润泽度自然没有阿卡珊瑚好。沙丁珊瑚的产量远高于阿卡珊瑚。因此沙丁珊瑚的价格比阿卡珊瑚低很多。沙丁珊瑚常用来做手链、项链等。

图11-6　阿卡“牛血红”珊瑚
图11-7　沙丁珊瑚

么么珊瑚（又称MOMO珊瑚）主要产自中国台湾海域。其品质介于阿卡珊瑚和沙丁珊瑚之间，质地更接近阿卡珊瑚，也有白芯（图11–8）。颜色跨度大，有浅粉色、粉色（图11–9）、橘红色等。很少有阿卡珊瑚的那种深红。么么珊瑚生长纹路清晰，质感瓷实，透光性不如阿卡珊瑚，光照下没有阿卡珊瑚鲜活、光亮。

出于对保护环境和珍惜物种的考虑，世界主要珊瑚出口国对珊瑚采取了限产保护措施，优质珊瑚稀少。但人们对珊瑚的喜爱依旧，因此市场上出现了漂白、染色、充填等优化处理珊瑚和大理石、骨制品染色等仿制品。

图11-8　么么珊瑚
图11-9　粉色么么珊瑚
图11-10　珊瑚的同心圆状纹理和放射状纹理

漂白是用双氧水去除红珊瑚中的混浊颜色，即杂色色调。深红色珊瑚漂白后呈浅红色。

染色是将白色珊瑚浸泡在红色或其他颜色染料中染成所需的颜色。染色珊瑚的颜色单一，染料集中在微裂隙和孔洞中。用蘸丙酮的棉签擦拭，棉签会染色。染色珊瑚佩戴久了会褪色或失去光泽。

充填是用环氧树脂等物质充填多孔的劣质珊瑚，此方法可改善珊瑚的外观。这种珊瑚呈树脂或蜡状光泽，具胶感或蜡感。

大理石、骨制品染色等仿制品没有天然红珊瑚纵向的平行生长纹理和横切面上的放射状、同心圆状纹理（图11–10）。

非专业人士或对珊瑚的知识掌握不全面的最好在购买时索要鉴定证书。在鉴定证书的检验结论栏里会写明：珊瑚（图11–11）或染色珊瑚（图11–12）或珊瑚（充填）（图11–13）或仿珊瑚等。

珊瑚的品质主要从颜色、块度、质地、光泽等几方面评价。“千年珊瑚万年红”，红珊瑚颜色越红越正越好，不同的红色价格不一样。阿卡牛血红价格最高，其次大红色（图11–14），再是正红色沙丁珊瑚，最后是么么红珊瑚。红色珊瑚的价格比粉红色珊瑚的高。珊瑚的块度越大越稀有，价格也越高。珊瑚质地致密坚韧，无瑕者，品质高。玻璃光泽珊瑚光泽明亮，品质好。市场上珊瑚以克计价，不同品质的珊瑚价格差别很大。一克从几十元到几千元不等，高的可达每克2万～3万元。

图11-14　大红色阿卡珊瑚

珊瑚保养小贴士

珊瑚的主要化学成分是$CaCO_3$，化学性质不稳定，出汗较多时最好不带珊瑚项链。珊瑚首饰最好不贴皮肤戴。有时珊瑚戴久了后，汗液与珊瑚中的$CaCO_3$产生化学反应生成白色的CaO，CaO会在红珊瑚上形成白斑。因此珊瑚首饰每天戴过之后都要用清水冲洗，把沾在上面的汗液洗掉。已形成的CaO白斑也可用清水冲洗，用软布擦干，再涂上少许橄榄油之类。珊瑚是有机宝石，因此不能与化妆品、香水、酒精、醋等接触。珊瑚硬度低，收藏时应单独存放，佩戴时尽量不要与硬的东西接触，反复摩擦会损坏珊瑚表面的光滑度。

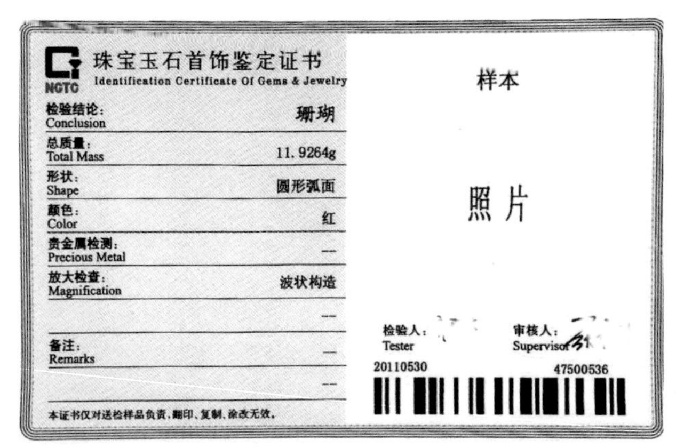

珠宝玉石首饰鉴定证书
Identification Certificate Of Gems & Jewelry

NGTC

检验结论：Conclusion	珊瑚
总质量：Total Mass	11.9264g
形状：Shape	圆形弧面
颜色：Color	红
贵金属检测：Precious Metal	—
放大检查：Magnification	波状构造
	—
备注：Remarks	—
	—

本证书仅对送检样品负责，翻印、复制、涂改无效。

样本

照片

检验人：Tester　审核人：Supervisor

20110530　47500536

图11-11　未经任何处理的天然珊瑚证书

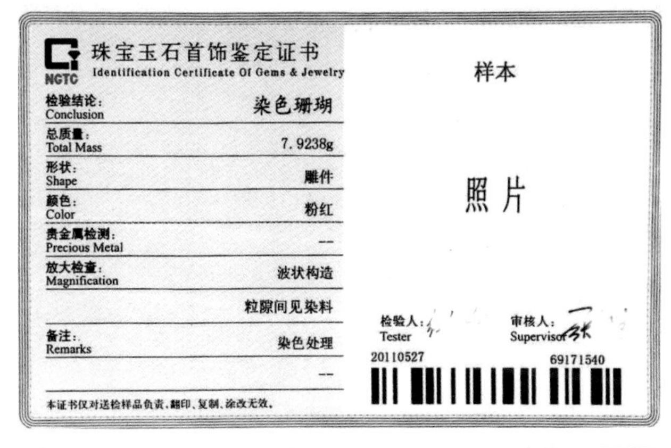

珠宝玉石首饰鉴定证书
Identification Certificate Of Gems & Jewelry

NGTC

检验结论：Conclusion	染色珊瑚
总质量：Total Mass	7.9238g
形状：Shape	雕件
颜色：Color	粉红
贵金属检测：Precious Metal	—
放大检查：Magnification	波状构造
	粒隙间见染料
备注：Remarks	染色处理
	—

本证书仅对送检样品负责，翻印、复制、涂改无效。

样本

照片

检验人：Tester　审核人：Supervisor

20110527　69171540

图11-12　染色珊瑚证书

珠宝玉石首饰鉴定证书
Identification Certificate Of Gems & Jewelry

NGTC

检验结论：Conclusion	珊瑚（充填）
总质量：Total Mass	6.8179g
形状：Shape	圆球状
颜色：Color	红
贵金属检测：Precious Metal	—
放大检查：Magnification	波状构造
	—
备注：Remarks	充填处理
	—

本证书仅对送检样品负责，翻印、复制、涂改无效。

样本

照片

检验人：Tester　审核人：Supervisor

20110530　70437536

图11-13　充填珊瑚证书

CHAPTER 12

尖晶石

流光溢彩数百年，默默无名

图12-1　名为“铁木尔红宝石”的尖晶石
图12-2　名为“黑色王子红宝石”的尖晶石
图12-3　俄国沙皇皇冠上的尖晶石
图12-4　清代官员帽子上的红宝石顶子

尖晶石透亮、多艳、坚硬，红色尖晶石外观上与红宝石十分相似，18世纪之前尖晶石一直被误认为是红宝石。直到1783年，尖晶石与红宝石正式区分开后，才惊奇发现皇室、博物馆数百件非凡珍品镶的是尖晶石而不是“曾经认为的红宝石”。最迷人最具神奇色彩的红色尖晶石就是著名的“铁木尔红宝石”（图12–1）。这颗尖晶石361克拉，没有切割面，只有自然抛光面。自最初的拥有者在这颗尖晶石上刻了自己的名字后，随后的多个拥有者相继在其上留下了铭文。拥有者的名字都是统治者，这意味“铁木尔红宝石”是一颗象征王位的贵重宝石。1398年，铁木尔征服印度新德里时获得这枚稀世之宝，几经易手，于1849年落到大不列颠的东印度公司手中。于1851年送给维多利亚女王，现为英国皇家珠宝。

另一颗著名的尖晶石，被称作“黑色王子红宝石”（图12–2）。这颗尖晶石重170克拉。最初它是西班牙国王格拉纳达（Granada）的财宝之一，后被卡斯蒂利亚国王佩德罗掠走，佩德罗为感谢爱德华三世之子威尔王子的救命之恩，将其送给威尔王子。因威尔王子长得较黑，被称“黑王子”，故这枚美艳硕大的尖晶石也被称为“黑王子红宝石”。1415年，在阿金库尔大战中，这颗尖晶石救过英王亨利五世一命，得到了英国王室的垂青。现在这颗尖晶石镶在英国皇冠上。这颗尖晶石因其传奇历史和荣耀被世人景仰。

还有一颗著名的尖晶石镶嵌在俄国沙皇的皇冠上的，重达400多克拉（图12–3）。在我国清代一品官员帽子上用的红宝石顶子，也几乎全是红色尖晶石（图12–4）。

尖晶石的前世今生

尖晶石的英文“Spina”意为“荆棘”，是因尖晶石的矿物晶体形态而来，尖晶石的完美晶形是八面体图，像荆棘。尖晶石产地主要有缅甸抹谷、斯里兰卡、肯尼亚、尼日利亚、坦桑尼亚、越南等（图12–5）。

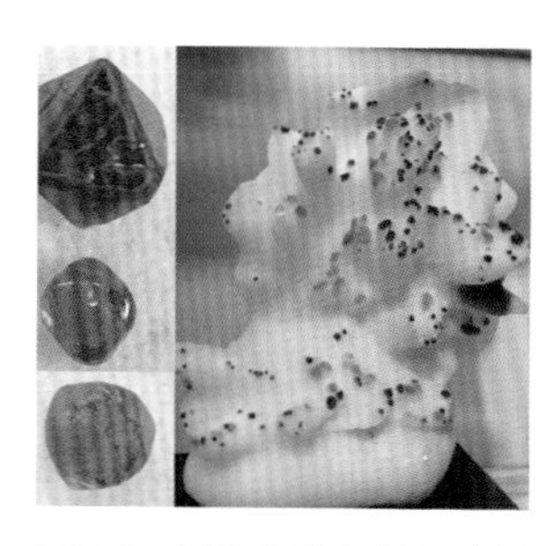

图12-5 尖晶石晶体和尖晶石与透辉石观赏石

尖晶石的颜色十分丰富，有红色、橙红色、粉红色、紫红色、无色、黄色、橙黄色、褐色、蓝色、绿色、紫色等（图12–6）。与尖晶石相似的宝石有红宝石、蓝宝石、石榴石、锆石等。尖晶石的优化处理方法有热处理和扩散处理等，也有合成品。尖晶石与相似宝石、合成尖晶石及优化处理尖晶石的鉴定需专业人员完成。

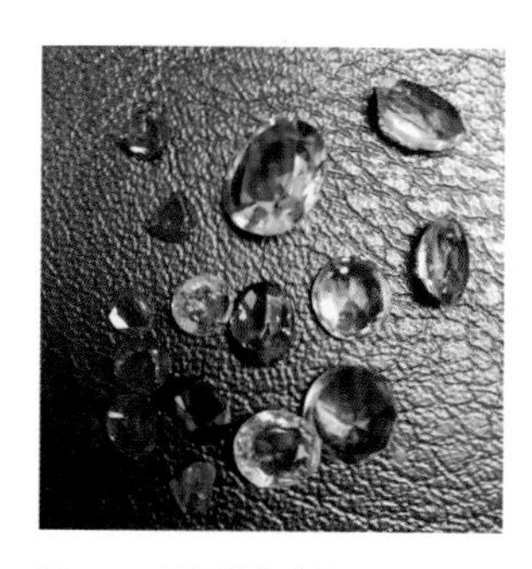

图12-6 不同颜色尖晶石

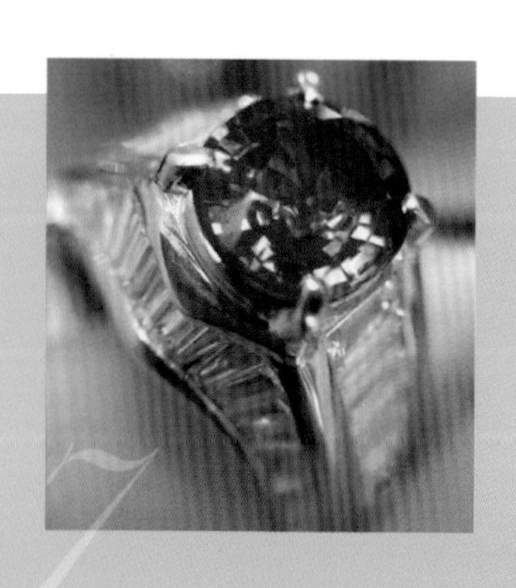

图12-7 紫红色尖晶石

图12-8 红色尖晶石

尖晶石的品鉴

尖晶石的品质主要从颜色、透明度、净度、切工和大小等方面进行评价。其中颜色最为重要，颜色纯正鲜艳为好。红色尖晶石的颜色范围从橙红色至紫红色（图12-7），以中至深红色的纯红色为最好（图12-8、图12-9）。5克拉左右的高品质的红色尖晶石的价格可能是同等质量红宝石价格的十分之一，这或许是尖晶石受欢迎的原因。蓝色尖晶石的颜色范围从紫蓝至微带绿色色调的蓝色。颜色浓郁的紫蓝色和纯蓝色为最好，能有较高的价格（图12-10）。多数蓝色尖晶石有灰色色调，价不高。尖晶石的透明度影响其颜色和光泽，透明度高、洁净度高、尖晶石品质高。切工也是影响尖晶石价格的一个重要因素，切工好的尖晶石比例标准、琢型对称。优质的尖晶石常磨成刻面型，透明度不好杂质多的磨成弧面型。尖晶石也是颗粒越大价格越高，达5克拉以上的尖晶石其价格大幅提升。

图12-9　深红色尖晶石

图12-10　蓝色尖晶石（LV出品）

CHAPTER 13

琥珀

古朴柔美，历尽沧桑，凝聚精粹

琥珀，浑然天成的柔泽温润中透着古朴庄重之美，娴静、醇厚。历尽千百年的沧桑变化，凝聚世间万物精华。李白诗句“兰陵美酒郁金香，玉碗盛来琥珀光”生动地描写了琥珀的颜色、光泽和若有若无的淡淡清香（图13–1）。

在欧洲琥珀文化历史悠久，犹如中国的玉文化。欧洲早期琥珀制品大多与祭祀和太阳崇拜有关。古罗马贵族非常迷恋琥珀，琥珀是皇家贵族争抢的财富。古希腊人认为琥珀是海上漂来的太阳凝固而成，具有神奇的力量，佩戴它可以驱走疾病与邪恶，带来好运与爱情。欧洲人视琥珀为吉祥物，象征快乐与长寿，认为戴琥珀的女人有品位、智慧、高雅（图13–2）。

中医中琥珀还有安五脏、定魂魄、消瘀血、通五淋等功效。琥珀提取物中含有琥珀酸、琥珀脂醇、琥珀松香酸等，这些可用来制作香水、护肤品等（图13–3）。

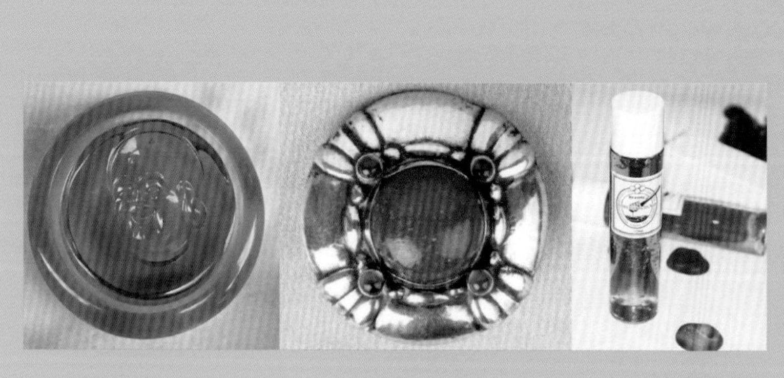

图13-1　琥珀　　图13-2　爱德华时期蜜蜡首饰　　图13-3　琥珀凝胶露

琥珀的前世今生

唐代诗人韦应物《咏琥珀》诗句“曾为老茯神，本是寒松液。蚊蚋落其中，千年犹可卖见”，生动地描写了琥珀的形成。地质研究表明中生代白垩纪至新生代第三纪时期，由于地壳运动，原始森林的大片陆地慢慢变成湖泊或海洋，没入水下，一些松柏科植物同其树脂一起被泥土等沉积物埋入地下深处，经几千万年的地层压力和热力，在地下发生石化作用，树木中的碳质富集起来形成了煤，树脂石化成了琥珀。因此琥珀与煤共生一起。生于木藏于土，四海八荒，斗转星移，汲取天地之精华，蜕变成自然界的精灵。

最早的琥珀发现于旧石器时代的中期，被那个时代的部落用作各种琥珀饰品和护身符。公元前1600年，波罗的海沿岸居民将琥珀当作货币使用。我国南宋初期，琥珀也被当作商品用来交易。到了清朝，人们对琥珀有了较全面的认识和评价。

现今，琥珀因其独特的品质和经济价值越来越被人们认识、喜爱，有的用来收藏，有的用来设计制作成手串、吊坠等各种首饰（图13–4、图13–5）。

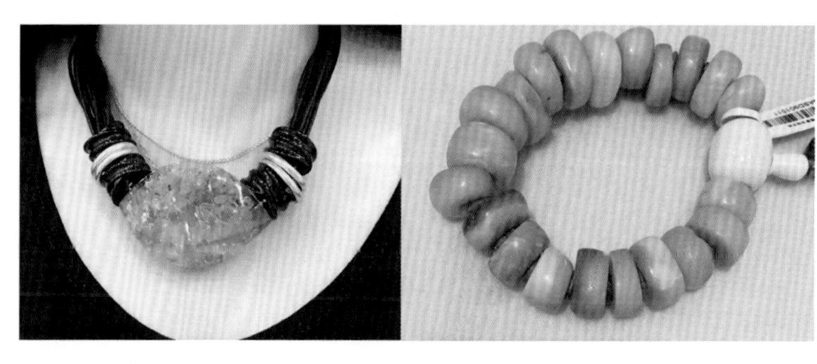

图13-4　琥珀吊坠　　图13-5　蜜蜡手串

琥珀的产地很多，市场上常见的琥珀产地主要在波罗的海沿岸国家（波兰、俄罗斯、立陶宛、乌克兰、挪威等）（图13-6、图13-7）、加勒比海沿岸国家（多米尼加和墨西哥等国家）和缅甸（图13-8）。在美国、加拿大、日本、罗马尼亚、意大利等国家也有产出。我国琥珀的主要产地是辽宁抚顺（图13-9），在河南西峡、云南保山、丽江、哀牢山和福建的漳浦也有产出。

图13-6　波兰琥珀
图13-7　俄罗斯鸡油黄琥珀
图13-8　缅甸琥珀
图13-9　抚顺琥珀

琥珀的品鉴

琥珀与珍珠、珊瑚一样属有机宝石，硬度低，质轻（是宝石中最轻的），透明至微透明，多呈太阳色系金色、黄色、红色，有树脂光泽。色泽温暖轻柔，似将耀眼的阳光经亿万年的封存，酿成可以久久凝视的温润。

琥珀因颜色、透明度、内含物、产出环境不同，分为繁多种类。按颜色分为血珀、金珀、绿珀、蓝珀；按透明度分为两大类：透明者为琥珀，半透明或不透明者为蜜蜡。为了规范统一，我国国家标准根据透明度、颜色、内含物等特征，将琥珀分为：蜜蜡、血珀、金珀、绿珀、蓝珀、虫珀、植物珀。

蜜蜡，为半透明至不透明的琥珀，以黄色为主色调。优质蜜蜡颜色如蜜，光泽似蜡，质地细腻温润，与玉有相似之处（图13-10）。或许是受玉文化的影响，我国琥珀爱好者对蜜蜡情有独钟。“千年琥珀，万年蜜蜡”的说法，并非蜜蜡比琥珀形成的年代久远，同一矿区的蜜蜡和琥珀形成的年代基本相同，化学成分略有差异，这句话的正确理解是琥珀和蜜蜡形成的时间需千万年之久。蜜蜡主要产于波罗的海沿岸国家和缅甸。当今市场上将波罗的海蜜蜡按颜色分为新蜜蜡和老蜜蜡，新开采的，浅黄色至黄色的蜜蜡称新蜜蜡（图13-11）；新蜜蜡开采出来去皮抛光后表面开始氧化，暴露在空气中数十年后，颜色慢慢发生变化，变为棕黄色，最后变成深棕红色（图13-12），这种称天然老蜜蜡。天然老蜜蜡如果常常被人盘玩，颜色变化更快，其表面形成深色包浆，年代久远了就成了古董蜜蜡。古董蜜蜡昂贵，是因为经历了岁月的沧桑，有历史意义，具收藏价值。由于中国市场这些年对老蜜蜡的需求大，一些琥珀商就模仿新蜜蜡自然老化的过程，在常压低温加热条件下使新蜜蜡表面快速氧化，形成深浅不一的棕黄色或棕红色，这种称烤色蜜蜡。烤色蜜蜡氧化层的厚度一般较自然老化的老蜜蜡氧化层薄。有些琥珀商将琥珀水煮后再烤色，形成满蜜的老蜜蜡。如果只是喜欢老蜜蜡的颜色，想有一件老蜜蜡首饰用来佩戴，又不想投入太多钱，烤色蜜蜡也是不错的选择。

血珀，棕红至红色透明的琥珀，艳丽浓郁（图13-13），是琥珀中的名贵品种，自古以来就备受喜爱。血珀是在漫长的地质年代中，由浅色琥珀经氧化形成，氧化层由外到内逐渐形成，如果氧化时间短，则只形成薄薄一层棕红色氧化层，经琢磨后会露出内部的

图13-10　蜜蜡　　图13-11　新蜜蜡　　图13-12　老蜜蜡

浅色琥珀。如果氧化时间长氧化层就厚，甚至从外到内全部氧化成红色，这种血珀最稀有昂贵。

金珀，黄色至金黄色透明琥珀。市场上根据色调和颜色饱和度的不同有柠檬黄琥珀、鹅黄琥珀、鸡油黄琥珀之称。柠檬黄琥珀指颜色黄中微微带白的琥珀；鹅黄琥珀的颜色似刚刚出生的小鹅崽的绒毛颜色，呈明亮的嫩黄色；鸡油黄指鲜艳的金黄色，其颜色如厚重油亮的鸡油（图13–14）。鸡油黄琥珀在我国市场备受推崇，其价格居高不下。2015年，缅甸最好的金珀手镯标价6万左右；一般的金珀手镯8千至1万；较好的金珀手镯2万～3万。由于天然产出的鸡油黄琥珀较少，琥珀商会对黄色琥珀进行热处理，使其颜色达到鸡油黄，这种方法是我国国家标准认可的琥珀优化方法，可以正常销售。

图13-13　血珀
图13-14　鸡油黄琥珀

蓝珀，体色并非蓝色，是指透视观察体色为黄、棕黄、黄绿、和棕红等色，在含有紫外线的光线照射下呈现独特的不同色调的蓝色荧光的琥珀（图13–15），主要产自多米尼加、墨西哥和缅甸等地。多米尼加蓝珀在含紫外光的光线照射下，发天蓝 、紫蓝或绿蓝色荧光，其中“天空蓝”蓝珀荧光纯正迷人，是蓝珀中的上品，售价最高。多米尼加收藏品蓝珀手镯，价格高达90万元。市场上销售的体色为蓝色的“蓝珀”多为人工树脂加入致色剂制作而成的仿琥珀，或由柯巴树脂经染色或有色覆膜处理而成。

绿珀，为浅绿至绿色透明琥珀，较稀少。市场上少见真正的绿珀，市场上常见的“绿珀”主要是由柯巴树脂经加压加温改色、染色或有色覆膜处理而来，少数由琥珀经加温加压改色而成。

虫珀和植物珀，含有昆虫或其他生物的琥珀称虫珀（图13–16)；含有花、草、叶等植物的称植物珀。千万年的树脂在石花形成琥珀的过程中，会包裹动物、植物、矿物质、水、沙土等物质。其中含有动物包体的虫珀具极大的科研和收藏价值，若虫珀中所含昆虫的完整、清晰、形态生动逼真、个大或较多，其价格不菲。由于虫珀价高，各种虫珀仿制品、处理品充斥市场，如含现代虫体的柯巴树脂、拼合琥珀、仿虫珀（图含恐龙的仿琥珀）等。

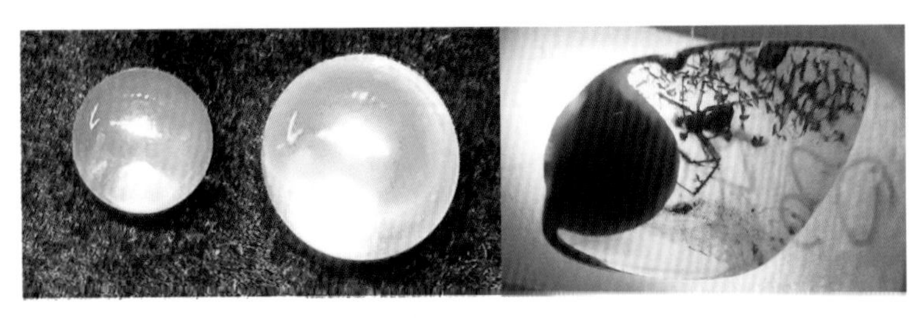

图13-15 蓝珀（小的是多米尼加蓝珀，大的是墨西哥蓝珀）

图13-16 虫珀

这些年由于琥珀市场升温加之琥珀产地及种类繁多和琥珀成分的特殊性，琥珀市场乱象丛生，优化处理琥珀和琥珀的仿制品很多。

琥珀的优化处理方法有烤色、水煮、压清、爆花、充填、再造等。烤色是用加热的方法使琥珀的颜色加深，常用来烤制血珀和老蜜蜡。水煮是将透明的、半透明的或透明度不均匀的琥珀放在液体中加热，使其透明度发生变化，变成均匀的不透明的蜜蜡，以达到“满蜜”的效果。这一方法的应用是为了迎合我国消费者对蜜蜡的推崇，对“满蜜”的不懈追求。压清是把透明度不好的云雾状琥珀放植物油中加热，使琥珀变得更透明。爆花是选择有气泡的琥珀，让其在一定温度、压力下气泡膨胀爆裂，从而形成不同形状的内部花纹（图13-17）。充填是对一些大尺寸的手把件和雕刻件的空洞或裂隙进行充填。再造琥珀是将琥珀的碎屑在适当的温度、压力下压结而成。

图13-17　爆花琥珀

琥珀的天然仿制品有松香和柯巴树脂（图13–18），松香是未经地质作用的固态树脂，其成分与琥珀有较大差异。柯巴树脂是比琥珀年轻的半石化树脂，其物理化学性质与琥珀相似，手搓有黏感。琥珀的人工仿制品主要是塑料，市场上一些五颜六色、纹理多样的所谓“中东蜜蜡”“非洲琥珀”“金丝蜜蜡”等都是塑料。早期的低仿琥珀塑料有搅动纹理，比较容易鉴别。现在仿琥珀塑料逼真效果好（图13–18）。

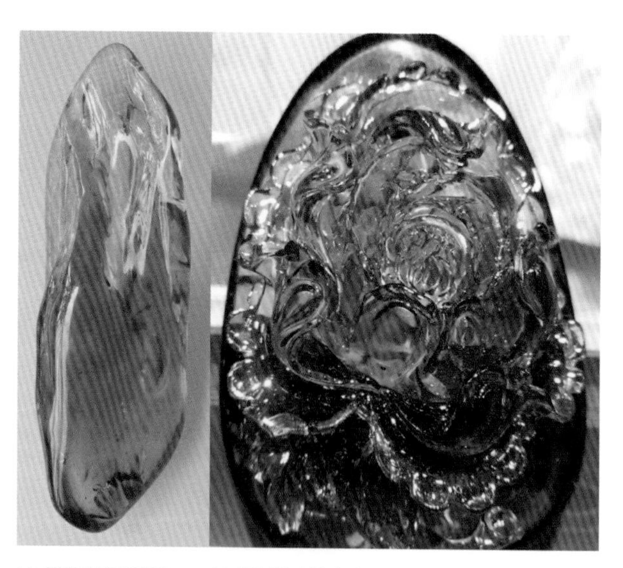

(a) 树脂仿蜜蜡琥珀　(b) 塑料仿蜜蜡琥珀

图13-18　琥珀仿品

由于琥珀市场的复杂性，非专业人士在购买收藏琥珀时，最好从正规渠道购买并索要相应的检验证书，并要仔细阅读证书。目前市场上与琥珀相关的证书检验结论一栏有六种：琥珀、琥珀（处理）、再造琥珀、拼合琥珀、天然树脂（柯巴树脂）、仿琥珀。如果检验证书结论一栏写的是“琥珀”（图13–19），表明这块琥珀是天然琥珀，如果在备注一栏列出了“表面覆无色透明膜”或“压固处理”，表明这块琥珀经这些方法优化，这些优化方法已被市场接受。如果检验结论一栏写的是“琥珀（处理）”，表明这块琥珀经过了非传统的、还未被市场接受的人工处理方法，如：覆有色膜、裂隙充填、加温加压改色等（图13–20）。再造琥珀检验证书的结论是“再造琥珀”（图13–21）。

琥珀的价格的影响因素很多，产地、品种、颜色、大小、洁净度、优化处理方法、商家或产地对琥珀的推广力度等都会影响琥珀的市场价格。多数珠宝的价格与产地无关，但琥珀例外。由于抚顺琥珀已停止开采，同等质量的抚顺琥珀比波罗的海的价格高。多米尼加蓝珀比缅甸蓝珀价高。由于鉴定机构只作真伪鉴定，不作产地鉴定，也不作品质鉴定，所以鉴定证书的检验结论与价格不相关。价格高的品种有老蜜蜡、蓝珀、血珀、虫珀、鸡油黄琥珀或蜜蜡。天然颜色琥珀价格比烤色琥珀价格高很多，烤色琥珀价格比压制琥珀价高。同产地同等品质琥珀，块体越大价格越高，琥珀越大越稀有，一千克以上的为稀品。若是用来收藏应购买未经优化处理的高品质的老蜜蜡、蓝珀、血珀、虫珀、鸡油黄琥珀或蜜蜡。

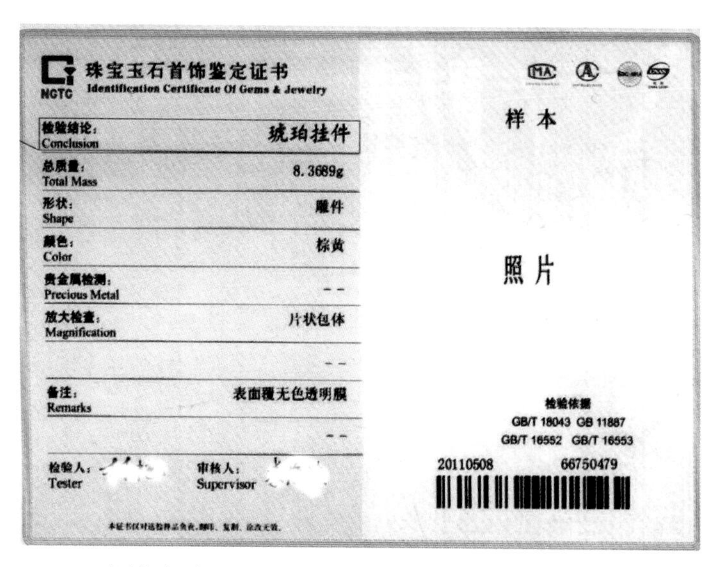

NGTC 珠宝玉石首饰鉴定证书
Identification Certificate Of Gems & Jewelry

检验结论：Conclusion	琥珀挂件
总质量：Total Mass	8.3689g
形状：Shape	雕件
颜色：Color	棕黄
贵金属检测：Precious Metal	--
放大检查：Magnification	片状包体
	--
备注：Remarks	表面覆无色透明膜
	--

检验人：Tester　　审核人：Supervisor

本证书仅对送检样品负责，翻印、复制、涂改无效。

样本

照片

检验依据
GB/T 18043 GB 11887
GB/T 16552 GB/T 16553

20110508　66750479

图13-19　琥珀检验证书

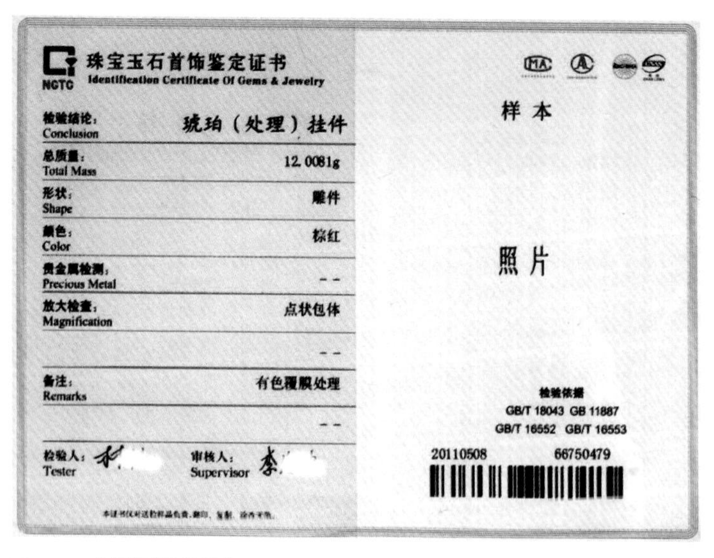

NGTC 珠宝玉石首饰鉴定证书
Identification Certificate Of Gems & Jewelry

检验结论：Conclusion	琥珀（处理）挂件
总质量：Total Mass	12.0081g
形状：Shape	雕件
颜色：Color	棕红
贵金属检测：Precious Metal	--
放大检查：Magnification	点状包体
	--
备注：Remarks	有色覆膜处理
	--

检验人：Tester　　审核人：Supervisor

本证书仅对送检样品负责，翻印、复制、涂改无效。

样本

照片

检验依据
GB/T 18043 GB 11887
GB/T 16552 GB/T 16553

20110508　66750479

图13-20　处理琥珀检验证书

NGTC 珠宝玉石首饰鉴定证书
Identification Certificate Of Gems & Jewelry

检验结论：Conclusion	再造琥珀手链
总质量：Total Mass	28.3928g
形状：Shape	圆球状
颜色：Color	黄
贵金属检测：Precious Metal	--
放大检查：Magnification	气泡，见颗粒边界
	--
备注：Remarks	--
	--

检验人：Tester　　审核人：Supervisor

样本

照片

检验依据
GB/T 18043 GB 11887
GB/T 16552 GB/T 16553

20110508　　66750479

图13-21　再造琥珀检验证书

琥珀保养小贴士

琥珀是一种娇贵的有机宝石，应小心呵护。琥珀熔点低且易氧化，因此琥珀不能暴晒或置于高温环境中。特别是氧化程度高的老蜜蜡和血珀，长久置于温度高的干燥的环境中，表面易产生龟裂纹图。收藏级的珍贵琥珀可单独放入密封的玻璃或塑料容器中。佩戴级的琥珀不戴时，可涂抹少量橄榄油或茶油在表面，然后用软布沾掉多余的油渍。最好的方法是常戴，皮肤分泌的油脂可滋养琥珀。琥珀易溶于有机溶剂，因此不能与酒精、香水、指甲油等接触。琥珀硬度低，不能与其他首饰，特别是贵金属首饰、钻石和红蓝宝首饰等放在一起。日常佩戴时尽量避免与硬物碰擦。不能用超声波的首饰清洁机器清洗琥珀，也不能用毛刷或牙刷等刷洗琥珀。可用中性清洁剂加温水浸泡，然后用清水冲净，再用干净的软布擦干即可。

CHAPTER 14

石榴石

低调绽放纷繁色彩，淳朴、信仰的象征

石榴石有与红宝石、祖母绿相近的色泽，但没有红宝石、祖母绿那么高贵，也从不攀附，低调地独放异彩，谦逊、淳朴。

石榴石的形状和红色石榴石的颜色像石榴中的“籽”，因此而得名。人们对石榴石的认识和利用有数千年的历史。几千年前的埃及法老就佩戴红色石榴石项链，其成为木乃伊后，石榴石项链作为珍宝流传百世。在世界上众多皇室和名门的珠宝收藏品中都有镶工精致的石榴石首饰，如英国王室、罗曼诺夫王朝 、奥匈帝国的哈布斯鲁王朝等。在维多利亚时代，因女皇对石榴石的青睐，石榴石成为皇室贵族喜爱的时尚珠宝（图14–1）。在石榴石的故事中，流传广泛的是诗人歌德与少女乌露丽叶的爱情故事。钟爱石榴石的德国少女乌露丽叶深信石榴石能将佩戴者的心愿传达给自己依恋的人，每每与歌德约会时特意佩戴家传的一块红色石榴石，作为对爱的表白。最后歌德被她的纯爱感动，写下了传世诗篇《玛丽茵巴托的悲歌》。这块石榴石被收藏在波希米亚石土榴石博物馆中。

石榴石被认为是坚贞、淳朴和信仰的象征。被推崇为一月生辰石。

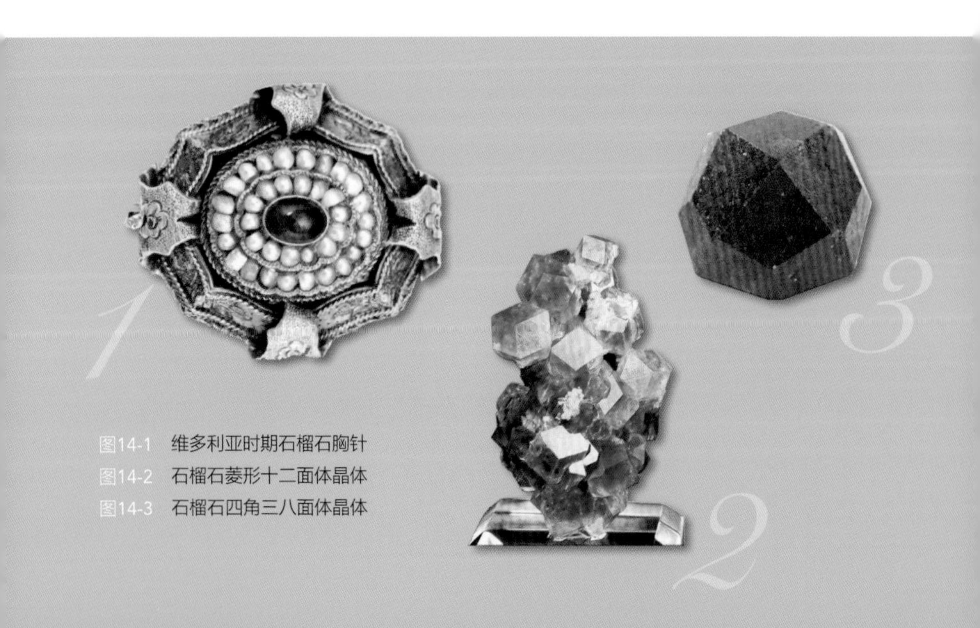

图14-1　维多利亚时期石榴石胸针
图14-2　石榴石菱形十二面体晶体
图14-3　石榴石四角三八面体晶体

石榴石的前世今生

石榴石是个庞大家族，其成员很多，有镁铝榴石、铁铝榴石、锰铝榴石、钙铝榴石、钙铁榴石、钙铬榴石等，异彩纷呈。石榴石原始晶体呈几何多面体（图14–2、图14–3），在地壳中广泛产出。

镁铝榴石，常见黄红、橙红、粉红色，市场多见深红色（图14–4）。主要产于美国亚利桑那州和捷克的波希米亚等地。

铁铝榴石，常见深紫红、褐红色（图14–5），分布广泛，但达到宝石级的并不多。著名的产地是印度。在斯里兰卡、巴基斯坦、缅甸、泰国、澳大利亚、巴西、中国等都有产出。

锰铝榴石，常见橙红色、橙色、棕红色、黄褐色（图14–6）。最早发现于德国巴伐利亚州，但著名的产地是亚美尼亚的Rutherford矿区和美国弗吉尼亚州。橙红色、橙色的又称“芬达石”。图14–7是一颗重达40.96克拉的锰铝榴石。

图14-4　镁铝榴石
图14-5　铁铝榴石
图14-6　锰铝榴石
图14-7　锰铝榴石（卡地亚）

钙铝榴石，颜色多样，有绿色、黄绿色、棕黄色（图14–8）、褐红色等。钙铝榴石中被人们所熟知的是绿色的沙弗莱石（图14–9）。沙弗莱石是含铬、钒的钙铝榴石，主要产于肯尼亚和坦桑尼亚。最早于1967年发现于坦桑尼亚东北部的塔斯沃国家公园附近。1974年被蒂芙尼（Tiffany）命名为沙弗莱石，并加以推广和宣传。其颜色与祖母绿相似，与祖母绿比，净度和亮度好，而祖母绿的价格是她的几倍或数十倍，故沙弗莱石成为珠宝市场的新宠，也被大牌珠宝和名流、皇室御用设计师采用。在绿色宝石中其身价仅次于祖母绿，图14–9中沙弗莱石主石0.68克拉，戒指零售价3万左右。

钙铁榴石，多见黄色、褐色、绿色和黑色。其中绿色钙铁榴石价值高，又称翠榴石（图14–10），主要产于俄罗斯乌拉尔山。因

图14-8　钙铝榴石
图14-9　沙弗莱石

产量稀少，颜色好火彩好而珍贵，优质者价格与同样颜色的祖母绿相当。珠宝首饰市场不多见。虽出身属中档宝石，但跻身于高档宝石之列。

钙铬榴石，绿色、蓝绿色，与翠榴石相似，常与翠榴石共生产出，主要产于俄罗斯乌拉尔山。但因颗粒小，不易达到宝石级别（图14–11）。

水钙铝榴石，常见绿色，一些有黑色斑点 。水钙铝榴石外观与绿色翡翠相似，少数商人用来仿翡翠。南非、加拿大、美国、我国青海有产出。

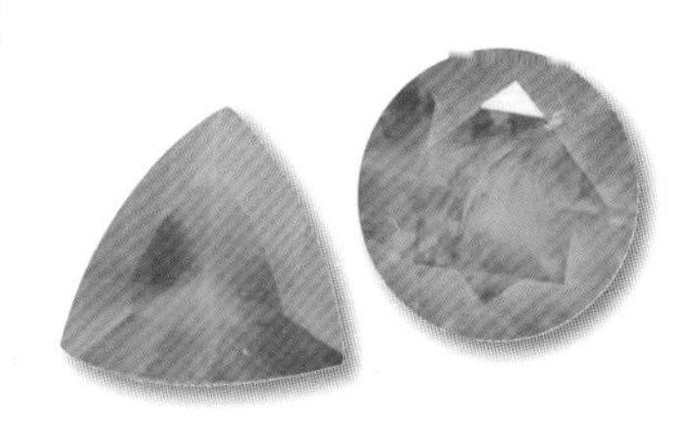

图14-10　翠榴石

图14-11　钙铬榴石

石榴石的品鉴

目前市场上未见合成石榴石，针对石榴石的优化处理也不多。品质不太好的石榴石往往用来串手链。品质高的用来做戒面、吊坠等。石榴石总体来说属中档宝石，但品质高的翠榴石和沙弗莱石因颜色浓郁、产地少、产量低等原因具有很高的价值。翠榴石颜色鲜艳火彩好，并且稀少，价格最高。石榴石的品质主要从颜色、透明度、净度、切工、质量几方面评价。颜色浓艳、纯正、内部洁净、透明度好、颗粒大、切工完美的价值高。颜色是首要因素，翠榴石价最高，绿色沙弗莱石价格仅次于翠榴石。橙红色的锰铝榴石、红色镁铝榴石和暗红色的铁铝榴石价格依次降低。

CHAPTER 15

海蓝宝石

海水之色，少女般清纯靓丽

海蓝宝石的英文是“Aquamarine”，“Aqua”意为“水”，“marine”意为“海”。其名称源于它那一抹冰蓝，纯净澄澈，少女般清纯靓丽（图15–1）。

在古希腊传说中，海蓝宝石来自海洋深处，凝聚了海水之精华，能与海神对话，航海者佩戴它祈求海神保佑他们航海平安。有些民族也认为海蓝宝石是美人鱼眼泪的结晶，用海蓝宝石浸泡过的水可治疗眼疾。信奉东方汉文化传统的人们认为，海蓝宝石五行属“水”，适合五行喜“水”的人佩戴。“水”是生命之源，而三月正是地球上万物开始生机勃发的季节，所以具“水”属性的海蓝宝石被定为三月的生辰石，象征沉着、勇敢、智慧。

海蓝宝石虽没有钻石、红宝石、祖母绿那么珍稀和厚重的历史背景，但它以其淡雅的色彩和清新的气质获取了不少皇室贵族名媛佳人的芳心。英国皇室就珍藏有伊丽莎白二世戴过的海蓝宝石皇冠（图15–2）。另一件著名的海蓝宝石珍品“美好年代”海蓝宝石项链，在2010年6月伦敦佳士得以14.525英镑拍出（图15–3）。“美好年代”指的是法国19世纪末20世纪初的一段时光，那时法国从战争中恢复过来，工业革命带来经济的飞速发展。1889年，巴黎举办了世界博览会，埃菲尔铁塔落成，这一时期也是法国艺术创作空前繁荣的时期。

2009年5月在日内瓦苏富比拍卖皇冠和项链，起拍估价分别是12万到17万瑞士法郎。图15–4是爱德华时期的海蓝宝石项坠。

图15-1　海蓝宝石
图15-2　英国皇室海蓝宝石皇冠
图15-3　“美好年代”海蓝宝石项链
图15-4　爱德华时期的海蓝宝石项坠

海蓝宝石的前世今生

海蓝宝石与珍贵的祖母绿同属绿柱石矿物族，不同的是它们所含的微量元素不一样，颜色不一样。海蓝宝石的产量相对祖母绿多，产地分布也广。海蓝宝石主要产于巴西、马达加斯加、美国、缅甸、印度、坦桑尼亚、阿根廷、挪威等地，在我国新疆、云南、内蒙古、海南也有产出。

海蓝宝石的品鉴

海蓝宝石的颜色以蓝色为主色调，常见蓝色、淡绿蓝色、深绿蓝

图15-5 海蓝宝石晶体

图15-6 粒度大、品质和颜色好的海蓝宝石，78.58克

色以及蓝绿色。其中以深蓝色至中等深度的绿蓝色为佳（图15–5、图15–6）。蓝色越纯正、越深、价值越高。多数海蓝宝石的颜色较浅，市场上一些纯正蓝色的海蓝宝石经过了热处理，我国国标规定海蓝宝石的热处理属优化，是被市场接受的。多数海蓝宝石的洁净度和透明度高。颜色和透明度好的且干净的海蓝宝石常切割成祖母绿型（图15–7）、椭圆刻面型等，用来作戒面、吊坠、耳坠等（图15–8），这样的价值高。透明度和洁净度不好的常磨成圆珠型用来串手链（图15–9），价值相对低一些。海蓝宝石是一种中档宝石，只有颜色、净度、切工好的且大颗的才值得收藏。

图15-7　粒度大且内部干净的海蓝宝石

图15-8　颜色和净度好的海蓝宝石

图15-9　透明度和洁净度不好的海蓝宝石

CHAPTER 16

橄榄石

橄榄之色，亲和幸福的象征

相传，橄榄石发现于3500多年前的古埃及。作为埃及国石，橄榄石拥有尊崇的地位，被法老喜爱和收藏，用来雕刻护身符或装饰神庙，是尊严和财富的象征。橄榄石在阳光下熠熠生光，崇拜太阳的古埃及把橄榄石称为“太阳之石”，古埃及人相信橄榄石具有太阳般的力量，可驱除邪恶、降服妖魔、带来希望与光明。中世纪，将橄榄石传入欧洲，在巴洛克时期曾是备受青睐的装饰宝石。

橄榄石的橄榄色清澈秀丽（图16–1），令人赏心悦目，给人亲切、平和、舒畅、幸福之感，又被誉为“幸福”之石，象征和平、幸福、安详等美好愿望，也有夫妻恩爱之寓意。

现代，人们认为八月份狮子座的守护星是太阳，因此把橄榄石定为八月的诞生石。

图16-1　橄榄石吊坠

橄榄石的前世今生

宝石级橄榄石产地很多，主要有埃及、缅甸、美国、印度、巴西、墨西哥、哥伦比亚、阿根廷、智利、挪威、俄罗斯等。我国著名的产地有河北张家口、山西天镇、吉林蛟河。埃及的扎巴贾德岛（Zabargad）自古以来就是世界上优质宝石级橄榄石的主要产地。缅甸抹谷是世界上宝石级橄榄石的一个重要产地，产出的晶体较大，有的加工成刻面宝石，重达100克拉以上。美国夏威夷岛最南部的大岛帕帕科立（Papakolea）沙滩，由细小的橄榄石构成（图16–2），因这些橄榄石产于火山岩中，也有人说这些细小的橄榄石是火山女神的眼泪。因颗粒小未达宝石级。

图16-2 夏威夷橄榄石海滩

橄榄石品鉴

橄榄石颜色很独特，颜色范围也小，呈略带黄的绿色，也称橄榄绿（图16–3），少部分呈褐绿色。因其颜色特别，橄榄石与相似宝石祖母绿、绿色碧玺、透辉石等易区分。橄榄石是中档宝石，市场上优化处理橄榄石少见，目前也没有合成品。橄榄石的品质与颜色、净度、大小相关。颜色越绿越纯越好，越干净透明越好，10克拉以上的橄榄石不多见，宝石级橄榄石多在3克拉以下。2～3克拉橄榄石价格每克拉300～400元。3～10克拉大的橄榄石价格较高。

橄榄石首饰设计清新、自然、简约、时尚（图16–4、图16–5），微带黄的绿色适合秋冬季节佩戴。

图16-3 橄榄石晶体

图16-4 橄榄石戒指（1）

图16-5 橄榄石戒指（2）

3
4
5
Made in Italy
DAMIANI

CHAPTER 17

月光石

变幻莫测，赋予女人丰富想象

月光石自带浪漫情调，一听这名字人们就有无限遐想，诗意、朦胧、依偎、漫步……月光石的名字源于其特殊的“光学效应”，转动宝石，宝石表面呈现蓝色的或白色的浮光，如月光般神秘梦幻（图17–1）。在古代，世界上许多国家的人们认为佩戴月光石能给人带来好运，能收获美满的爱情。月光石与珍珠、变石一起被视为六月生辰石。从罗马时代开始就使用月光石制作首饰了。图17–2是爱德华时期月光石吊坠。

图17-1 月光石
图17-2 月光石吊坠
图17-3 黄褐色月光石

月光石的前世今生

斯里兰卡是月光石的重要产地，印度、马达加斯加、缅甸、坦桑尼亚、美国也有产出。我国内蒙古、河北、安徽、四川、云南也产月光石。其中河北月光石质量较好。

月光石通常从无色到白色（图17–1），也有黄褐色（图17–3)、绿色。透明至半透明，在光照下转动宝石，有蓝色或白色晕光，也称“月光效应”。月光石的品质评价主要从月光效应及其颜色、透明度、净度等几方面考虑。无色、透明、干净、具蓝色月光为佳，蓝光越明显越闪烁越好。顶级月光石似玻璃一样透明、干净，蓝色月光灵动闪耀。月光石因具月光效应，一般磨成弧面型，质量好的月光石用作镶嵌首饰（图17–4），透明度不好、含杂质多且月光不明显的质量较低，常用来串手链（图17–5）。

3

图17-4 品质较好的月光石

图17-5 品质一般的月光石

月光石的品鉴

月光石是一种中低档宝石，如果不是顶级品质的月光石，不宜用来保值收藏。

市场上的大众品牌的月光石首饰一般不超过一万元一件，主要用来佩戴装饰。

月光石保养小贴士

月光石的脆性不好，佩戴时应避免碰撞，不宜与其他首饰叠加佩戴，剧烈运动时或干重活时最好不要佩戴。收藏月光石时应单独存放，不要与其他首饰混在一起，以免相互撞击和摩擦。

CHAPTER 18

托帕石

秋之色，友谊之石

托帕石由“Topaz”音译过来，“Topaz”由希腊语“Topazios”衍变而来，意为“探寻”，传说在古代，要采掘这种宝石需要战胜许多艰难险阻，要努力寻找才能获得。也有人认为“Topaz”是由梵文“Topas”衍生而来，“Topas”意为“火”。

托帕石被誉为“友谊之石”，代表真挚情谊与友爱。也被许多国家定为十一月的“诞生石”。古希腊人认为托帕石能赋予人们力量，可驱除恶魔消除悲哀，增强智慧与勇气。古罗马的绅士们喜欢佩戴用黄金镶嵌的金黄色托帕石戒指，以显示其身份、财富与地位。

托帕石的前世今生

在我国托帕石又叫黄玉，可能那时人们发现的托帕石都是黄色的，但它与玉没有任何关系，为了避免误解，市场上多称之托帕石。

托帕石主要产于巴西，在斯里兰卡、俄罗斯乌拉尔山、美国、缅甸等地也有发现。我国内蒙古、江西和云南也有托帕石产出。

托帕石的品鉴

托帕石一般呈无色、黄棕色、褐黄色、蓝色、粉红色、褐红色（图18-1）。在长期日光照射下彩色托帕石会褪色。

1

图18-1 各种颜色的托帕石

与托帕石相似的宝石有海蓝宝石、磷灰石、碧玺等。目前市场上的蓝色托帕石多数经优化处理。天然蓝色托帕石十分少见。市场上的一些蓝色托帕石是由无色天然托帕石先经辐射呈褐色，然后再加热处理呈蓝色。多数巴西粉红色和红色托帕石（图18-1），是该产地的黄色和橙色托帕石经热处理而成。前几年，一种新型的扩散处理托帕石在市场出现，这种托帕石呈蓝绿色，蓝绿色仅限于表面，宝石内部无色。我国国标规定托帕石的热处理属优化，被市场接受。辐照处理和扩散处理属处理，出售时应标明。对一些颜色成因难以确定的托帕石，在检验证书的备注栏会标明“颜色成因未确定”，图18-2是一托帕石首饰鉴定证书，在备注一栏标明“颜色成因未确定”。

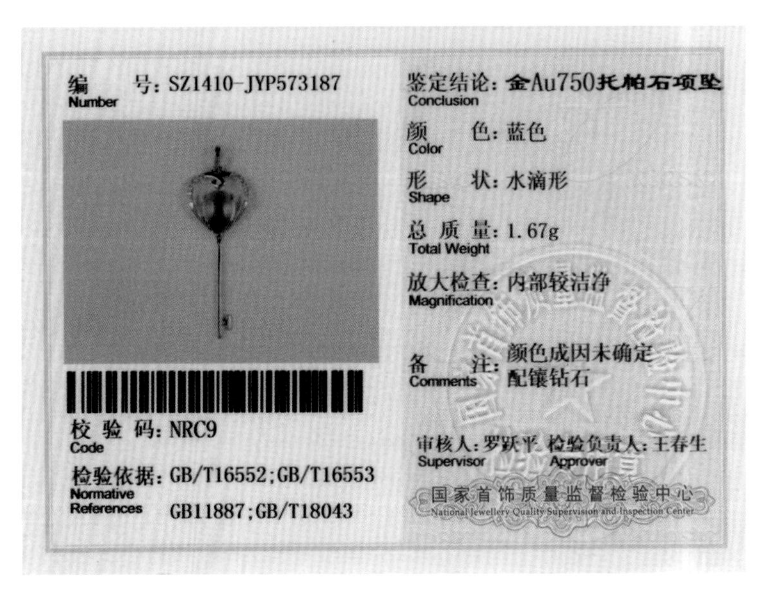

编　号：SZ1410-JYP573187
Number

校 验 码：NRC9
Code

检验依据：GB/T16552;GB/T16553
Normative References　GB11887;GB/T18043

鉴定结论：金Au750托帕石项坠
Conclusion

颜　色：蓝色
Color

形　状：水滴形
Shape

总 质 量：1.67g
Total Weight

放大检查：内部较洁净
Magnification

备　注：颜色成因未确定
配镶钻石
Comments

审核人：罗跃平　检验负责人：王春生
Supervisor　Approver

国家首饰质量监督检验中心
National Jewellery Quality Supervision and Inspection Center

图18-2　颜色难以确定的托帕石首饰证书

托帕石是一种中低档宝石，常被镶嵌成时尚、个性首饰，几乎不用来收藏。托帕石的品质主要与颜色、净度、工艺、大小相关。其中托帕石的颜色对其价值的影响最大。金黄色和酒黄色价值高（图18–3），其中以不带任何褐色色调的深色调雪利酒色托帕石为最好（图18–4），黄色、柠檬黄色的价值相对低一些。蓝色托帕石色调较浅（图18–5），市场上出售的颜色较深的蓝色托帕石，其颜色是经辐照处理再经热处理获得的，价值较低，几十元一克拉。粉红色托帕石颜色越接近红色，价格越高（图18–6）。因托帕石价格不高，用作戒面和吊坠的托帕石多数有较好的透明度和净度（图18–7）。

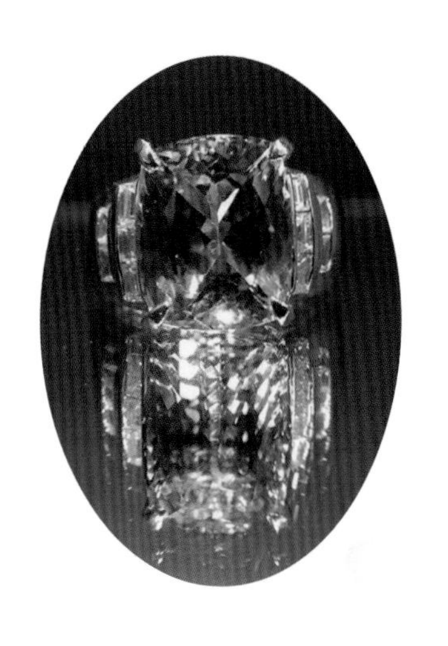

图18-3 金黄色托帕石
图18-4 雪利酒色托帕石（爱德华时期托帕石戒指）
图18-5 浅蓝色托帕石
图18-6 粉红色托帕石
图18-7 净度和透明度好的托帕石

托帕石保养小贴士

托帕石虽硬度较高耐磨性好，但其脆性不好，遇到磕碰易裂开，佩戴时应避免磕碰。也不能用超声波清洗机清洗。另外托帕石的颜色在阳光下颜色会逐渐褪去，因此不宜长时间接触阳光和受热。

CHAPTER 19

紫晶

诚挚、善良之石

紫晶以独特高贵的紫色博得古今中外人们的喜爱。在希腊神话中紫晶就被誉为“醒酒之石”，古希腊人认为用镶嵌紫晶或紫晶制成的杯子饮酒不会醉人。16世纪西班牙宫廷画家委拉斯凯兹，酷爱希腊、罗马神话，对紫水晶情有独钟，他为国王精心设计的宝石皇冠，其主石就是一块大紫水晶雕刻的葡萄。这尊紫水晶宝石皇冠被收藏在维也纳美术历史博物馆。图19–1是瑞典王室传承几百年的紫晶王冠和耳环。图19–2是维多利亚时期，以紫晶为主石，运用露珠边、扭麻花等经典花纹，搭配珍珠制作的首饰。图19–3是卡地亚（Cartier）1947年为温莎公爵夫人设计制作的紫晶绿松石项链。在亚洲紫晶是乌拉圭的国石，也是日本皇室尊严的标志。在我国紫色也是一种尊贵的颜色，代表吉祥如意，故有“紫气东来”，故宫也称“紫禁城”。因此紫晶在我国也是很受欢迎的宝石。紫晶是二月生辰石，象征“诚挚、善良、纯洁、正直”。

图19-1　瑞典王室紫晶王冠和耳环

图19-2　维多利亚时期紫晶胸针

图19-3　温莎公爵夫人的紫晶绿松石项链

2

3

紫晶的前世今生

紫晶的产地很多，巴西、非洲、美国、俄罗斯、缅甸、我国河南都有产出。晶体呈柱状或双锥状（图19–4）。

紫晶的品鉴

紫晶的颜色从浅紫到深紫，带有不同程度的褐、红、蓝色。巴西产紫晶品质较高，呈较深的紫色，从顶刻面观察，可见紫红色闪光（图19–5）。非洲产紫晶常带蓝色色调（图19–6）。我国河南等地产紫晶颜色较浅，带微弱的褐色色调。目前市场上合成紫晶常见，用作一些装饰性配饰，一般用银或合金镶嵌，几十元一件。合成紫晶一般很干净，肉眼不见瑕疵，颜色比较均匀。

紫晶是水晶的一种，又叫紫水晶，由于出身不高，紫晶是一种中低档宝石。价格不高，故首饰设计师可尽情随意抒发，设计制作各种个性、时尚首饰（图19–7），图19–7是黎巴嫩设计师Noor Fares与黎巴嫩艺术家Flavie Audi合作设计的“流云”造型紫水晶耳坠，其中一颗是天然水晶，另一颗是合成水晶。紫晶的品质也是从颜色、净度、透明度、切工、大小几方面评价。颜色、净度好的、颗粒大的常镶作戒指或吊坠图（图19–8）。内含物多的、颗粒小的常串成手链图（图19–9）。

市场上合成紫晶比较常见，合成紫晶内部比较干净（图19–10）。

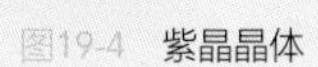

图19-4 紫晶晶体

图19-5 巴西紫晶

图19-6 非洲紫晶

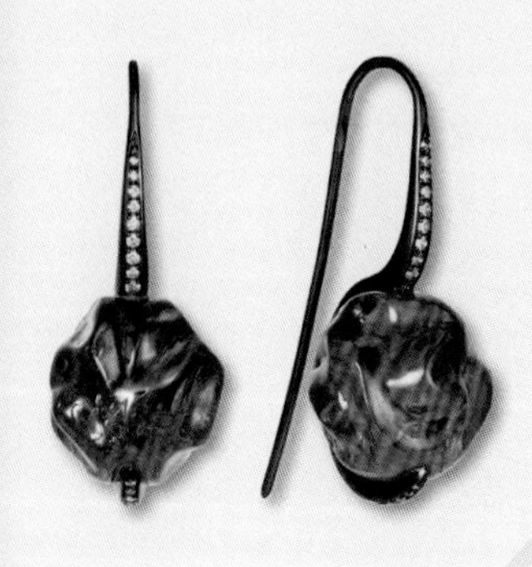

图19-7 “流云”造型紫水晶耳坠

图19-8 紫晶戒指（Amy Burton）

图19-9 紫晶手链

图19-10 合成紫晶手链

REFERENCE

参考文献

[1] 张蓓莉，Dietmar Schwarz，陆太进．世界主要彩色宝石产地研究［M］．北京：地质出版社，2012.

[2] 张蓓莉等．翡翠品质分级及价值评估［M］．北京：地质出版社，2013.

[3] 刘斐．温莎公爵夫人和她的珠宝［J］．中国宝石．2002,（2）：158-159.

[4] C. Jeanenne Bell. OLD JEWELRY［M］．Krause Publications，2014.

[5] 朱晓丽．中国古代珠子［M］．南宁：广西美术出版社，2013.

[6] 李殿臣．中国珠宝收藏与投资全书［M］．天津古籍出版社，2006.

[7] 罗献林，卢焕章．中外宝玉石历史．典趣．鉴赏．贸易［M］．北京：地质出版社，2005.

[8] 阮卫萍．清宫后妃首饰图典［M］．北京：故宫出版社，2012.

[9] 王文浩，李红．中国古玉收藏与鉴赏-汉代玉器［M］．北京：蓝天出版社，2007.

[10] 李永光．白玉鉴定与选购［M］．北京：文化发展出版社，2016.

[11] 张钧，李海波．琥珀辨假［M］．北京：文化发展出版社，2017.

[12] 肖秀梅．琥珀蜜蜡鉴定与选购［M］．北京：文化发展出版社，2015.

[13] 沈美冬，冯晓燕．和田玉辨假［M］．北京：文化发展出版社，2017.

[14] 周南泉．古玉器收藏鉴赏百科［M］．北京：华龄出版社，2010.

[15] 舒惠芳，沈泓．红珊瑚投资购买宝典［M］．北京：人民邮电出版社，2016.

[16] 手塚桃子．珠宝表情［M］．北京：中国人民大学出版社，2014.

[17] Annie. 2012．唤醒翡翠本真之美［J］．中国翡翠．（1）：84-87.

[18] 天靖．王云鹤：教翡翠说“世界语”［J］．翡翠界．2011．（1）：64-70.

[19] 肖秀梅．揭秘珊瑚［J］．中国宝石．2011．（4）：202-209.

[20] 2013．芭莎珠宝．（2）47.